日本の山ができるまで

五億年の歴史から山の自然を読む

目次

日本の山ができるまで

五億年の歴史から山の自然を読む

小泉武栄

Japan's dynamic orogenic movement

Vision of 500 million years and natural landscape

Koizumi Takeei

A&F

カバー写真:[表]小笠原諸島の西之島 ©The Asahi Shimbun/Getty Images
[裏]北アルプス燕岳の岩峰 ©小泉武栄

はじめに

日本の登山人口は一〇〇〇万人ともそれ以上ともいわれています。これは驚くべき数字で、日本人がいかに山が好きかよく分かります。スポーツとして登る。百名山を目指す。高山植物を見る。山の景観を楽しむ。健康のため、ストレス解消のため……。登る理由はさまざまですが、みんな山が好きなことは共通しています。中には仕事のために登る人もいるかもしれませんし、富士山のように世界遺産だからという理由で登る人もいるでしょう。でも根底に日本人の山好きのあることは間違いないと思います。私自身の体験でも、高校一年のときに信越国境の苗場山に登って、平坦な山頂とそこに広がる高層湿原の美しい景観に驚いたのが、山が好きになるきっかけでした。

歴史的に見ても、日本人の登山は縄文時代の五〇〇〇年くらい前に遡りそうです。日本人はこのころから好奇心が旺盛だったようで、山の向こうを見てみたいということを目的にして高い山に登っていました。こんな不思議な民族はほかにはいません。奈良時代ころには山の上に男女が集い、歌のやりとりをする歌垣という行事もありました。また江戸時代にはすでにたくさんの人が山に登っていました。それは信仰登山という形をとることが多かったようです。しかし、物見遊山という言葉があるように、実質的には楽しみの要素が強かったのです。山に登る前と後の道中も楽しいものでした。江戸時代の初期には、登山を趣味とする大名がいたほどです。また明治時代にはすでに学校などの集団登山も始まっていましたし、乳飲み子を背負った若い母親が富士山に登るということもあったようです。

日本における近代登山の始まりは、一九〇五年の日本山岳会の成立からだとされています。しかし山登りという形なら、上で述べたように日本人ははるか昔から山に登っていました。これに対し、イタリア人やフランス人、イギリス人、ドイツ人などが登山を始めるのはたかだか二〇〇年余り前のことにすぎません。

なぜ日本人はそんなに古くから山に登り始めたのでしょうか。一つには日本は国土の至るところに山があるため、移動には必ず大小の峠越えを伴ったことがあげられるでしょう。また縄文人は狩猟採集民でしたから山を生活の場とする人も多かったと思われます。

しかし最大の理由は、日本の山が美しかったことにあったと、私は考えています。私たちが登ったり、あるいは遠くから望んだりする日本の山々。いずれも実に個性的で美しく、日本人の登山意欲を誘っただろうと思います。富士山や鳥海山《ちょうかいざん》、筑波山《つくばさん》、立山《たてやま》、白山《はくさん》、八ヶ岳《やつがたけ》、御嶽《おんたけ》、葛城山《かつらぎさん》、大山《だいせん》、霧島山《きりしまさん》など、里から見える美しい山々はとくにその傾向が強かったのではないでしょうか。日本の山は登ろうとする意欲をなくしてしまうほど高すぎたり、険しすぎたりしないのもよかったと思います。

日本の山はなぜこんなに美しいのでしょうか。私はかつてこのことをテーマに高山の自然を調べ、日本列島が世界有数の多雪地域であることに加え、二〇〇〇～三〇〇〇m程度の山地としては世界一風が強いために、稜線《りょうせん》を挟んで極端な吹きさらしと吹き溜まりが生じることに最大の原因があることを明らかにしました（『日本の山はなぜ美しい』）。極端な強風地や多雪地では樹木は生育できないため、そこに高山植物の生育できる余地が生じるのです。大雪山のようなだだっ広い高原状の山頂をもつ山では、斜面上にちょっとしたでっぱりや岩があるだけで、それが積雪分布を左右し、植生分布に影響を与えます。

高山だけでなく、朝日連峰や月山《がっさん》、あるいは大山のような二〇〇〇mに満たずそれほど高くない山でも、たくさんの高山植物を見ることができます。このことを誰も不思議に思いませんが、やはり多雪と強風が原因になっています。

その結果、日本の山では箱庭的な小さい風景が卓越するようになりました。これこそ、日本列島の山々の特色であり、美しさの原点であると私は考えます。ちょっと歩くだけで、次々に異なった高山植物が現れる、そんな山は世界的に見ても本当に稀なのです。

ところが、同じ北アルプス北部にある山でも、白馬連峰《はくばれんぽう》と剱岳《つるぎだけ》では山容は全く異なります。白馬連峰は高山植物に富み、明るく伸びやかな景観を示しますが、剱岳は黒く険しい岩峰《がんぽう》で重厚な感じがします。また同じ岩峰に分類される山でも、剱岳と槍《やり》・穂高《ほだか》岳《だけ》は、誰が見ても間違えることはありません。火山の場合も、富士山と大雪山《だいせつざん》や鳥海山、浅間山では山容も植生も大違いです。

このように日本の山々は、一つひとつがすべて違っており、それが山の魅力になっています。こうした山の個性や魅力について、私は『山の自然学』や『ここが見どころ日本の山』、『観光地の自然学　ジオパークで学ぶ』などの本を通じて、山の個性が生まれた原因について自然の謎解きをしながら繰り返し語ってきました。

しかし本書では、これまでのような山別、あるいは火山や岩峰、高山植物などといったテーマ別ではなく、山を構成する岩石（地質）の年代順、あるいは山ができた順番に話をしてみたいと考えました。いわば山を中心に日本列島の地史を再構成しようという試みです。以前登ったあの山は、日本列島の歴史の中でこんな意味をもっていたのかと、この本をみてその性格を再認識していただければ、と思います。また逆に索引を利用していただければ、ある山がどのくらい古い時代の地質でできているかを知ることができます。

一〇年ほど前から日本でもジオパークの制度が発足し、それまで地味で大きな災害でもない限りほとんど注目されなかった地形や地質にも、少し日が当たるようになりました。日本列島の各地にあるジオパークでは、専門のガイドの方に案内してもらうと、その自然の成り立ちがよく分かり、得した気分になれます。またＮＨＫで放映されている「ブラタモリ」も地形・地質ファンを増やしてくれました。「ブラタモリ」を見ていると、なるほど、と思わされることがあり、なかなか面白いものですが、このように地形や地質に中心をおきながら野外を歩く旅行をジオツアーといいます。本書はジオツアーやジオパークのガイドブックとして利用していただくことを想定して執筆しました。したがって本書には、佐渡島や隠岐の島などを始めとする、各地のジオパークが登場します。中には山ではなく、丘陵地や台地、海岸なども登場しますが、形成年代が新しい場合はまだ山になっていないことが多いので、その点はご理解ください。また慣れぬ仕事なので、間違いや誤解のある可能性も少なくありません。お気づきの方はぜひご一報いただきますよう、お願いいたします。

小泉武栄

第1章

日本最古の鉱物、礫、岩石

日本は細長い島国ですが、二〇〇〇万年ほど前まではユーラシア大陸の一部で、ロシアの沿海州の東辺りにありました。二〇〇〇万年前ごろ、大陸の縁の部分が割れ始め、日本は東に移動し、およそ一五〇〇万年前に現在の位置に落ち着きました。移動した後にできたのが日本海です。そんなことを言われてもにわかには信じられませんが、地質学者がたくさんの証拠を挙げていますので、まず間違いはないようです。巨大な大陸でさえ動くのですから、日本列島が移動して後に日本海ができても何も不思議でないように思いますが、なぜそうなったか説明することは大陸の移動より日本列島の方がはるかに難しく、いろいろ学説はあってもまだ納得のいく説明はできていないようです。

日本が列島になる前の歴史はもっと長く、日本最古の地層の年代は五億年前に遡ります。本書の副題の五億年前というのは、このことに基づいています。ただ実質的に日本列島を構成する岩石は二億年前以降のものが多く、国土の大部分は二億年より新しい時代にできたといっていいと思います。

一方、日本列島が大陸から分離した後も、東北日本は北上《きたがみ》高地や阿武隈《あぶくま》高地、飯豊《いいで》山地辺りを除いてまだ大半が海中にありました。その後、東北日本も次第に陸化しますが、三〇〇万年余り前、日本列島には標高一〇〇〇mに満たない程度の山しかなく、全体になだらかでした。しかし三〇〇万年くらい前から日本列島は隆起の時代に入ります。日本アルプスを始めとする各地の山脈や山地が急激に隆起を始め、どんどん高くなって現在の姿になったのです。そして二万年前になると、日本アルプスや日高《ひだか》山脈、それに飯豊山地や越後《えちご》山脈の一部の山々には白く輝く氷河がかかりました。また三〇〇万年前から、日本列島では火山活動が盛んになり、たくさんの火山が誕生しました。とくに一〇〇万年前以降はこれが顕著になります。私たちが目にする火山の大半は数十万年前以降にできた若い火山なのです。

このように、日本列島の生い立ちをめぐって、日本の地質学者や地形学者は実にたくさんのことを明らかにしてくれました。地層や岩石の年代ばかりではなく、その岩石がなぜそこにあるか、という点についても、説明できるようになったのです。

そうした最新の地質学の成果をもとにして日本の山々の生い立ちを考えてみたらどうなるだろうか、という意図のもとに、執筆したのがこの本です。執筆に当たってはたくさんの本や論文を参考にしましたが、筆者がとくにお世話になったのが、高木秀雄『年代で見る　日本の地質と地形』と平朝彦『日本列島の誕生』、それに神奈川県立生命の星・地球博物館で編集・発行した『日本列島20億年　その生い立ちを探る』でした。この三冊の本では五億年前からの日本列島の生い立ちが実に簡潔にまとめてあります。いちいちお断りしませんが、この三冊の本からの引用が多いことをご了承ください。また日本各地の地質と地形については、島津光夫『日本の山と海岸　成り立ちから楽しむ自然景観』と原山智・山本明『超火山　槍・穂高』が大変参考になりました。

　ここ一〇年ほどの間に日本列島の地質については、新しい事実が次々に分かってきていました。たとえば、日本最古の鉱物は三八億年前という、とんでもない年代を示します（高木、二〇一七）。これは黒部川沿いにある富山県の宇奈月《うなづき》温泉周辺に分布する花崗《かこう》岩《がん》に含まれるジルコンという鉱物の年代です。宇奈月花崗岩が貫入《かんにゅう》（マグマや熱水などが岩石や地層に入り込むこと）した年代はジュラ紀の一・八億年前ですが、ジルコンの年代は花崗岩マグマの熱によっても年代がリセットされずに残ったものだそうです。三八億年前といえば、地球が誕生してわずか八億年後という、地球誕生の余韻をまだ残しているころです。岩石中の鉱物粒子の話ですが、それほど古い年代の鉱物が、日本列島の岩石から出たことに驚きを感じざるを得ません。

　日本列島は現在、島弧を形成していて、大部分が新しい若い岩石でできていますから、このような古い年代の岩石が出ることはそれこそ想定外です。なぜこのような古い年代が検出されたのかといえば、二〇〇〇万年前まで日本列島は大陸の一部だったからで、過去にはユーラシア大陸の中心部に位置していたこともあったためです。想像も及ばないほど昔のことではありますが、こういった事実は、日本列島の地質や地形の成り立ちに対する興味をかきたててくれます。

　次に鉱物ではなく、日本最古の礫《れき》を見てみましょう。これは岐阜県七宗《ひちそう》町上麻生の飛

図1-1
人物の背後の岩が
上麻生礫岩

騨川沿いでみつかっています。飛騨川は木曽川の大きな支流で、乗鞍岳に発し、南に流れて美濃加茂市付近で、木曽川に合流します。川沿いの段丘から一〇mほどの崖を下りていくと上麻生礫岩と呼ばれる、大きな岩があります（図1－1）。これはジュラ紀に付加した美濃帯の砂岩泥岩の中に含まれる礫岩の塊で、その礫の中に片麻岩《へんまがん》の礫が含まれており、それが二〇億年前という年代を示しました。現場をみると、川沿いの崖下の実に危険なところで、こんな場所でよくこんな岩を探し出したものだと感心するばかりです。

　礫岩を構成する礫の起源をたどると、二〇億年前、大陸の内部の山で砕け、斜面から崩れ落ちた石ころが、川に流されて河原か浅い湖の堆積物（礫、砂利）となり、それが固まって礫岩になったというところに行きつきます。これには数百万年かかったはずです。その後、礫岩は大きく割れて岩塊になり、大きな洪水のときに流されて海に運ばれ、大陸斜面のどこかに滞留することになりました。そして二億年くらい前、大きな地震の際か何かのときに古日本海溝に転がり落ち、泥や砂の堆積物に囲まれました。その後、プレートの動きに伴って付加体《ふかたい》（後述）に取り込まれ、地下深くに押し込まれました。後に日本列島に含まれることになる大陸の一部と化したのです。その後、ここは大陸から分離して日本列島になりますが、日本列島の隆起に伴って地下深くから次第に上昇して地表に近づきました。そして完新世（一万年前以降現在までの地質時代）に入って飛騨川による河床の浸食が進むと、ついに地表に現れて、再び日の目を見たということになります。

次に日本最古の岩石についてふれます。これはつい最近まで隠岐《おき》の隠岐片麻岩《へんまがん》だとされ、一八億五〇〇〇万年という年代が出ています。隠岐の道後にある大満寺山の基盤をつくる岩で、この岩を見るためだけに訪ねる人もいるそうです。

ところが、二〇一九年の三月には島根県の最西端にあたる津和野町で、二五億年前の花崗片麻岩が広島大の研究グループによって発見されたという報道がありました。花崗片麻岩に含まれるジルコンから年代を特定したものですが、現在ではこれが最古の記録とされ、隠岐の島の記録を六・五億年も更新したことになります。

鉱物や礫、岩石といったものではなく、地層の年代となると、約五億年前と、一気に新しくなります。地質時代としては、生物が爆発的に進化を始めたカンブリア紀に当たります。礫や岩石の二〇億年前、あるいは二五億年前に比べれば、はるかに新しいのですが、カンブリア紀の岩体だといえば、かなり古いものだと感じさせます。

高木によれば、日本国内のカンブリア紀の岩石は、茨城県日立や熊本県竜峰山、岩手県の早池峰山《はやちねさん》、それに三郡《さんぐん》―蓮華《れんげ》帯などに断片的な分布が知られています。

以下ではまず日本列島の地質、地形の生い立ちを概観し、その後、早池峰山から順番に紹介することにしたいと思います。

第2章 日本列島の地質の生い立ち

1. 多彩な地質分布

日本列島をつくる地質（岩石）は、きわめて多様性に富んでいて、複雑な分布を示します。石の好きな人はよく河原に行って石を探しますが、河原には上流の山をつくる岩石がすべて集まってきますので、一つの川で三〇種類くらいのいろいろな種類の石をみつけることができます（渡辺、二〇一三、二〇一八）。

地質の分布を示した地図を地質図といいます。地質図には日本列島全体の地質を示した図から、五万分の一くらいの地域の地質図までいろいろありますが、日本列島スケールの地質図ならともかく、五万分の一くらいの地質図の場合、単純な色合いの大陸地域の地質図と比べると、実に複雑で、何これと思わせるような奇妙な模様を示すことが少なくありません。これは岩石そのものの成因が複雑なことに加え、年代もさまざまで、さらに地殻変動や日本列島に加わるさまざまな圧力により、地層や岩盤が曲がったり、傾いたり、切れたり、移動したりしているためにほかなりません。

通常、岩石はそのでき方によって堆積岩、火成岩、変成岩の三つに大別されます（表

2－1）。堆積岩は海底や湖、川などに堆積した砂や泥が固まったもの、火成岩はマグマに起源する岩石、そして変成岩は堆積岩や火成岩が地下の高熱や圧力を受けて鉱物の種類や組成が変化したものを指します。

堆積岩には礫岩、砂岩、泥岩、粘板岩、頁岩《けつがん》、石灰岩、チャートなどいろいろな種類があります。礫が固まったものは礫岩、砂が固まったものは砂岩、粘土が固まったものは粘板岩、といった具合です。チャートというのは海中を浮遊していた放散虫《ほうさんちゅう》という、ごく小さいプランクトンの遺骸が固まったものです。ひどく硬いので昔は火打石に用いられました。

火成岩には、マグマが地下深くで固まった花崗岩や閃緑岩《せんりょくがん》、斑糲岩《はんれいがん》などと、マグマが火山から噴出して溶岩となって流れ、それが固まった、玄武岩、安山岩、デイサイト、流紋岩《りゅうもんがん》などがあります。珪素《けいそ》（SiO_2）の含有率の高さによって岩石の名前が変わります。また火山灰が固まった凝灰岩《ぎょうかいがん》や火山砕屑物が固まった凝灰角礫岩《かくれきがん》という岩石もあります。凝灰岩や凝灰角礫岩は火山起源の岩ですが、表では堆積岩に入れてあります。

一方、早池峰山やアポイ岳などに分布する橄欖岩《かんらんがん》や蛇紋岩は、火山活動とは直接関係はないのですが、もともと地下深くのマントルを構成する物質だったため、火成岩に分類されています。まとめて超苦鉄質岩とか、超塩基性岩と呼ばれます。苦鉄質とは有色鉱物に富むことをいい、珪長質や石英や長石に富むことを指します。

変成岩には、秩父地方や四国でよくみられるさまざまな種類の結晶片岩や、片麻岩、大理石、熱を受けて硬くなったホルンフェルスなどがあります。

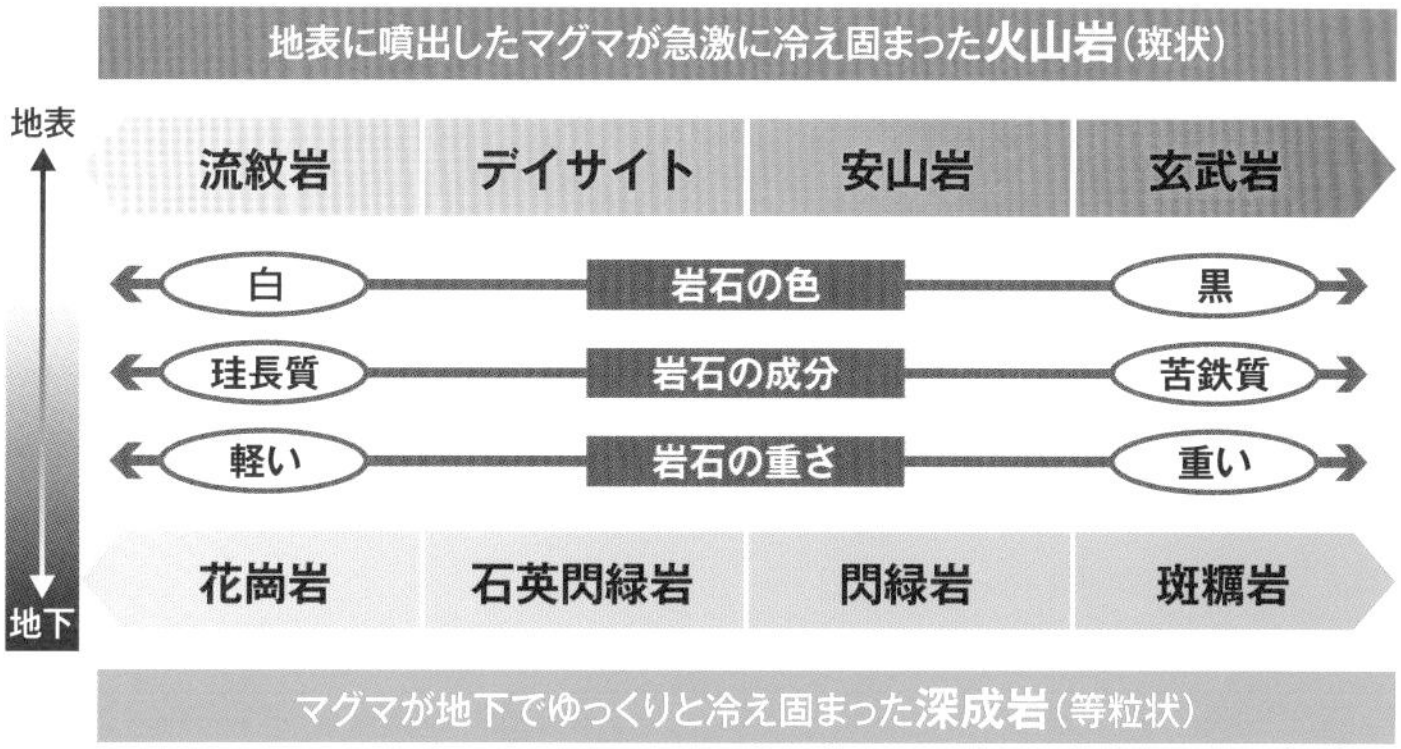

堆積岩の種類		堆積岩をつくる堆積物の種類と粒子のサイズ	
泥岩	粘土岩	泥	粘土：0.0039mm以下の岩石や鉱物の破片
	シルト岩		シルト：0.0039～0.0625mmの岩石や鉱物の破片
砂岩		砂：0.0625～2mmの岩石や鉱物の破片	
礫岩		礫：2mm以上の岩石や鉱物の破片	
火山砕屑物		火山灰：0.0625mm以下の火山噴出物	
		火山砂：0.0625～2mm以下の火山噴出物	
		火山礫：2～64mm以下の火山噴出物	
		火山岩塊：64mm以上の火山噴出物	
		軽石[バミス]（多孔質で密度が小さく、主に灰色。珪長質のマグマの発泡によって生じやすい）	
		スコリア（多孔質で密度が小さく、黒色。苦鉄質のマグマの発泡によって生じやすい）	
火山砕屑岩（火砕岩）		凝灰岩（火山灰や軽石が固結して生じた岩石）	
		凝灰角礫岩（火山灰と火山礫が混じって固結した岩石。礫が多いものを火山礫凝灰岩と呼ぶ）	
		溶結凝灰岩（火砕流堆積物が自らの熱で再度かたまったもの。柱状節理をつくることが多い）	

表2-1　火成岩の分類（上）と堆積岩の分類（下）　堆積岩には他に石灰岩やチャートがある。変成岩は略

それぞれの岩石の特色や見かけは表2－1に示した通りです。日本列島には上にあげた岩石のすべてがそろっています。日本にいると、それが普通なので、当たり前のように感じますが、大陸では幅数百kmにわたって同じ岩でできていることが多く、火山もないのが普通ですから、地質は単純になります。日本のような何でもそろっている国はきわめて珍しいのです。

上で名前を挙げた岩石を数えると、二〇種類くらいになります。皆さん、きれいな植物の名前は何百も覚えているのに、岩石の名前というと、腰がひけてしまう人が少なくありません。でも主な岩石はこれだけですから、あまり心配しないでください。

山を歩きながら岩を見ていくと、数m、あるいは数十m歩くだけで、岩の種類が変化することが珍しくありません。秩父辺りの山を歩いていると、石灰岩の塊やチャートの塊が稜線上の出っ張りや山頂をつくっていたりするのをよく見かけます。また北アルプスの白馬岳の高山帯では、図2-1に示すように、岩石が変わるたびに斜面の色が変わりますから、遠目にもそこで岩の種類が変わったことが分かります。ですから、岩の名前を覚えることよりも、岩が違ったら、そこで地面の色が違ったり、植物のつき方が違ったりすることに気が付く方が大事だと考えてください。

2.プレートテクトニクスの登場とその影響

日本列島の地質が複雑な理由ですが、最大の理由は日本列島の骨格をつくる地質が付加体でできているということです。付加体とは遠くからやってきて日本列島にくっついた岩体のことです。聞きなれない用語だと思いますが、これには一九六〇年代から七〇年代にかけて起こった地球物理学、地質学の革命、プレートテクトニクスの登場が関わっていますので、そこから説明したいと思います。

明治時代の初期にナウマン象で有名なエドムント・ナウマンなどの地質学者によって、日本に地質学が導入されました。それ以来、プレートテクトニクスの登場まで一〇〇年近く、山や海岸などを構成する岩石はすべてその場でできたものだと考えられてきました。たとえば武甲山など秩父地方に点々と分布する石灰岩は、それに含まれる化石から三億年くらい前の古生代に堆積したものだと分かりますので、三億年くらい前、秩父地方はサンゴ礁ができる熱帯のような環境にあり、サンゴ礁が隆起して石灰岩になったと推定されてきました。

図2-1　地質の境目　白馬岳　三国境付近
手前の白い岩は流紋岩、奥は砂岩・頁岩からなるが、植物がおおっていて見えない

ところが一九六〇年代の初めころ、いったん否定されたウェゲナーの大陸移動説が復活するような形で、プレートテクトニクスという考えが提唱されます。プレートテクトニクスの基本的な考え方は、わが国では大きな地震が起こるたびにテレビに登場しますから、皆様にもすでにおなじみのものになっていると思います。太平洋プレートが日本海溝で北米プレートの下に斜めに潜り込んでおり、そのためときどき大地震が発生する、云々といったものです。

この学説の登場は、実は地質学の世界においてはまさに革命といっていい大事件でした。かつての天動説から地動説への転換に匹敵するほどのできごとだったのです。その影響は一般の人が想像するよりはるかに大きく、このために世界中の地質学界そのものが震撼《しんかん》することになりました。日本でも地質学が導入されてからおよそ一〇〇年間、山脈の成り立ちや日本列島の地質の生い立ち、火山のでき方、地震のメカニズムなどについて精力的に研究が行われ、さまざまの学説が提唱されてきました。しかしプレートテクトニクスの登場で、一〇〇年あまりにわたって営々と蓄えてきた日本全国の地質に関する学説やデータは、ほとんど紙くず同然になってしまったのです。

図2-2
日本列島付近のプレート

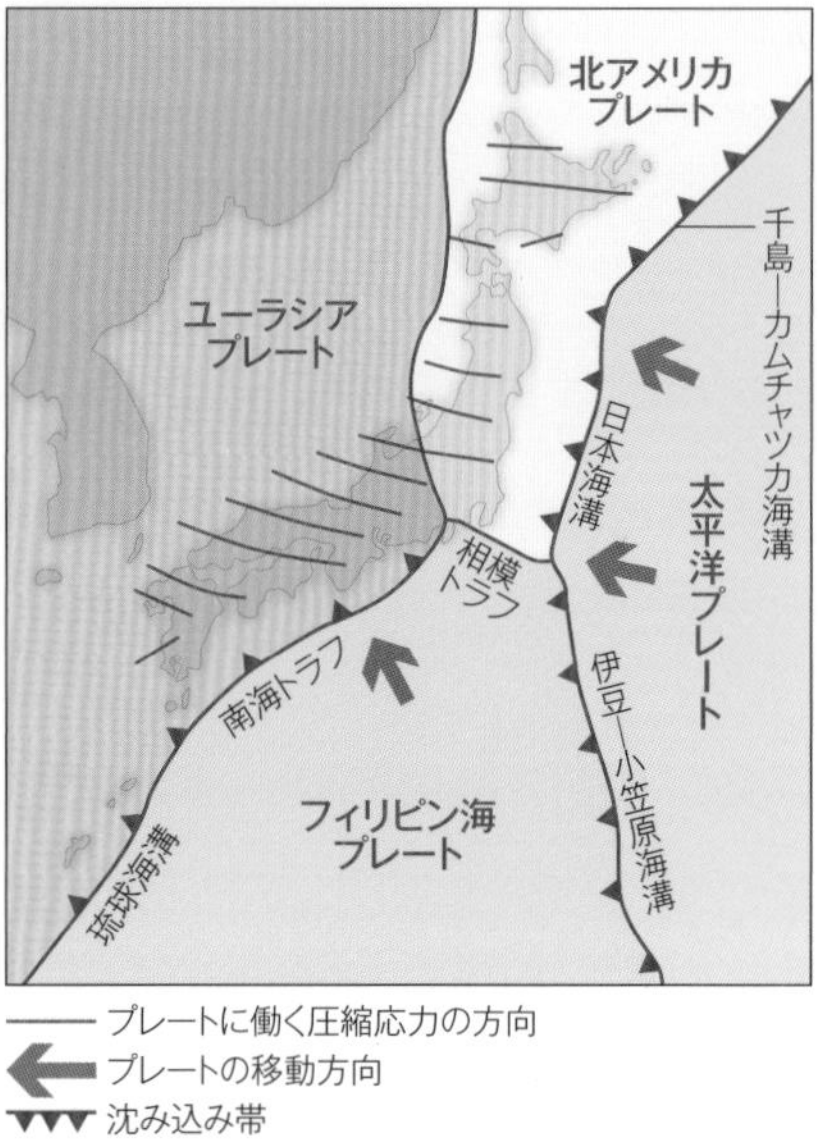

3.プレートテクトニクスと付加体の形成

プレートテクトニクス理論では、地球の表面に十数個の硬い板（プレート）を想定し、プレートが相互に動き合うことによって、山脈や海溝、大洋底が形成されたり、各地域の地質ができたりすると考えます。テクトニクスというのは地質学の専門用語で、地殻の変動や構造などを研究する分野のことです。

地球はよくニワトリの卵にたとえられます。卵の殻にあたる硬い部分が地殻（プレート）で、白身がマントル、黄身が核というわけです。このたとえは正確ではありませんが、分かりやすいので、この本でもそこから始めましょう。

卵の殻にはひび割れが入っており、殻はいくつかのかけらに分けられます。このかけらに当たる部分がプレートで、ひび割れに当たる部分がプレートの境界です。プレートにはユーラシアプレートや北アメリカプレート、アフリカプレートなどいくつかの大きいプレートと、フィリピン海プレートやアラビアプレート、ナスカプレートのように一回り小さいプレートがあります。またプレートには太平洋プレートのように主として海洋底からなるもの（海洋プレート）と、ユーラシアプレートのように主に陸からなるもの（大陸プレート）とがあります。

日本列島の地質に関わるプレートとしては、太平洋プレート、フィリピン海プレート、

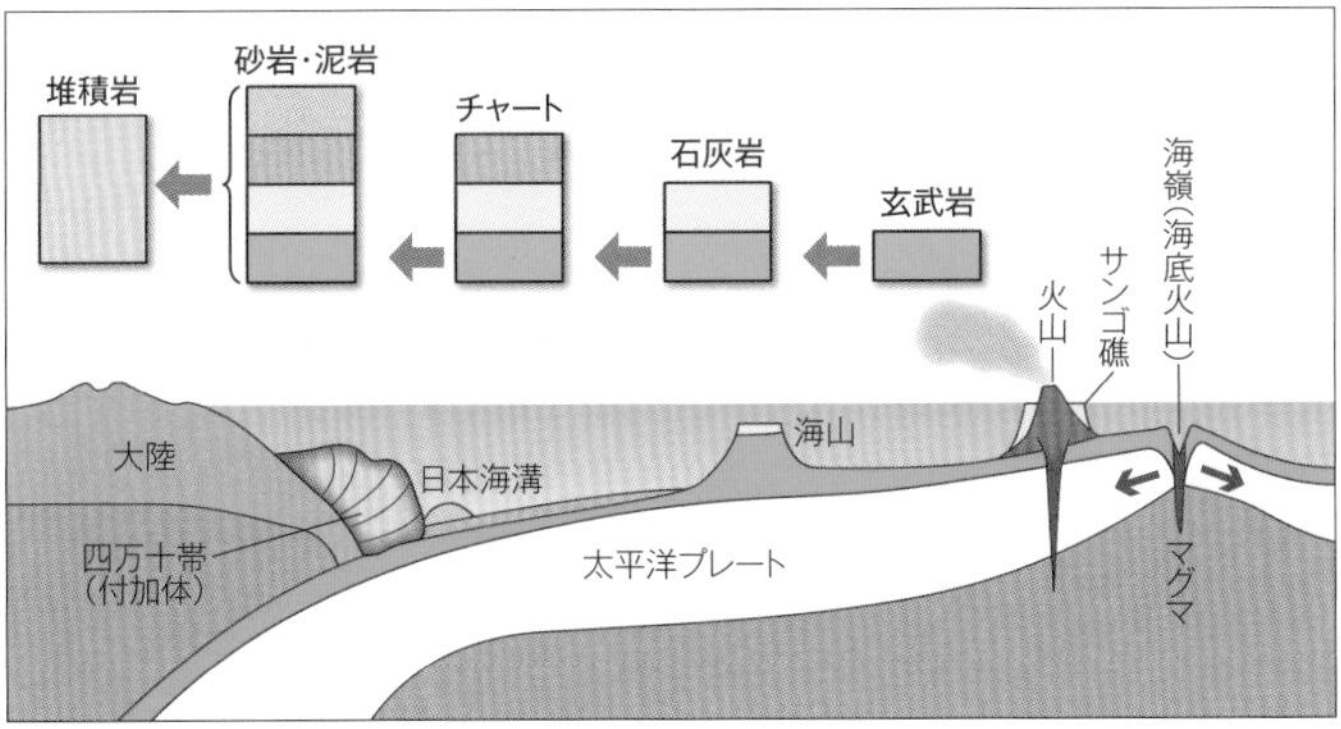

図2-3
付加体の形成過程

北アメリカプレート、それにユーラシアプレートがあります（図２－２）。相互の関係を見ると、太平洋プレートが北アメリカプレートとフィリピン海プレートの下に潜り込み、フィリピン海プレートはユーラシアプレートの下に潜り込んでいます。潜り込むところにはそれぞれ、日本海溝と伊豆―小笠原海溝、南海トラフと琉球海溝などができています。つまり日本列島の付近では四枚ものプレートが押し合いへし合いしているわけで、世界中見渡してもこんなところはほかにありません。日本列島に地震や火山が多いのもうなずけます。

なお北アメリカプレートとユーラシアプレートの関係は、かつては北アメリカプレートがユーラシアプレートの下に潜り込んでいると考えられていましたが、近年では両者はただくっついているだけで、押し合いへし合いの関係にはないと見なされるようになっています。

さて付加体のでき方ですが、模式的には図２－３のように表現されます。始まりは図の一番右の中央海嶺《かいれい》の高まりです。海嶺とは大洋の底からそびえる山脈のことで、両側に離れるプレートの境界に当たっているため、そこからは次々にマグマが噴出し、海底火山の列をつくります。地球上の溶岩の七割は海嶺から出てくると推定されています。

南太平洋のイースター島の西側には東太平洋海嶺という、南北に延びる海底火山の連なりがあります。日本列島をつくる地質の場合、この辺りがスタート地点となります。

調査がよく進んでいる「四万十帯《しまんと》」を事例に紹介しましょう。四万十帯は、関東山地、南アルプス、紀伊半島、四国南部、南九州など西南日本外帯に広く分布する地層です。たとえば南アルプス北岳の場合、山頂部は、玄武岩、石灰岩、チャート、それに砂岩や泥岩といった岩石で構成されています。これが四万十帯を構成する岩石です。

図に示された付加体の形成過程は、平朝彦（一九九〇）が示した高知県の芸西《げいせい》海岸に露出した四万十帯がモデルになっています。そこで以下では平に従って記述します。四万十帯の形成は、図の右端の東太平洋海嶺における海底火山の噴火に始まります。この海嶺で噴火した玄武岩質のマグマは、海水で冷やされて固まり、枕状《まくらじょう》溶岩となりました。この溶岩は太平洋プレートに載って一年に約七㎝という速度で北西方向に動き始めます。ゆっくりした速度ですが、一億年経過すると七〇〇〇㎞移動することになります。枕状溶岩には途中でハワイのような熱帯にある火山島が沈んで海山になった際、周りに堆積したサンゴ礁起源の石灰岩が加わりました。

玄武岩と石灰岩はさらに北西への移動を続け、太平洋の真ん中付近で両者の上には放散虫の殻が堆積しました。これがチャートとなります。そして日本列島に近づくと、赤色頁岩や多色頁岩がこれに加わりました。

一億年近くかかって、玄武岩や石灰岩やチャートなどからなる岩石のセットはようやく日本海溝に到達しましたが、そこで日本列島（当時はまだ大陸の一部でしたが）側から、地震の際などに乱泥流のような形で流下してきた砂や泥によって周りを埋められてしまいます（この乱泥流によって生じた堆積物をタービダイトと呼びます）。そしていよいよ海溝の底でユーラシアプレートの下に潜り込もうというとき、セットで移動してきた地層の上部ははぎ取られて日本列島の下にくっつきました。これを付加体といいます。また場合によっては、玄武岩も石灰岩も砂も泥もすべてがもみくちゃにされ（こうしてできた堆積物をメランジュといいます）、その一部は日本列島に押しつけられて、これも「付加体」になりました。

四万十帯は日本では一番新しい付加体ですが、付加した後、数千万年という長い年月を経て地下深くから次第に上昇し、四国の南海岸に露出しました。また南アルプスの場合は、地質の年代は海岸よりも一〇〇〇万年余り古くなりますが、一〇〇万年くらい前に始まった南アルプスの隆起に伴って、ついに三〇〇〇mの高地にまで持ち上げられました。それが現在、北岳などで見られる石灰岩や玄武岩となっているのです。ちなみに光岳《てかりだけ》の名前の元になった光岩《てかりいわ》は石灰岩、赤石岳の名前の元になった赤い岩は赤色チャートです。

なお、付加体の考え方は、日本の地質学者勘米良《かんめら》亀齢《かめとし》が提唱したものです。地質学の革新に大きな貢献をした人物として特筆に価します。

東太平洋海嶺からは反対の東方向に動くプレートもあります。これはチリ海溝に達すると、そこから地下に潜り込み、アンデス山脈の底に溶岩を付着させました。付着した溶岩は軽い岩石でできていたため、アンデス山脈を浮力で下から持ち上げました。アンデス山脈が七〇〇〇m近い高さにまで隆起したのは、もともとあった基盤岩が浮力で押し上げられたためです。

図2-4
超大陸の形成史

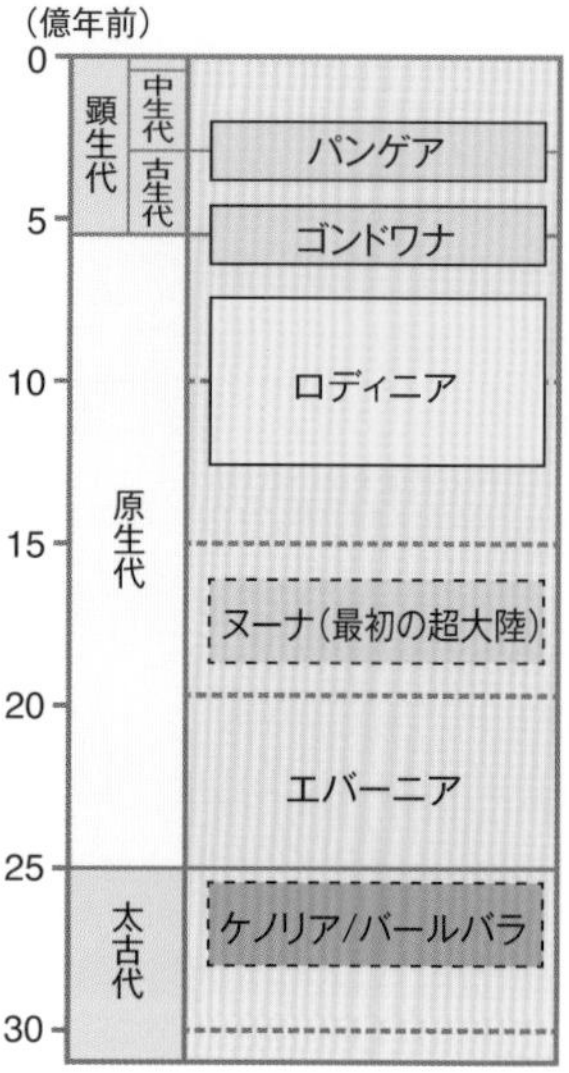

4.日本列島の地質の成り立ち

プレートは地球の歴史の中で、何回も離合集散を繰り返してきました。プレートが集まると、超大陸ができます。地球史においては六回の超大陸の形成が確認されています。一番新しいのがパンゲア超大陸、その前がゴンドワナ超大陸です（図2－4）。

日本列島の基盤の地質分布は図2－5に示したようになっています。全体が○○帯という、二〇余りの地質帯に分けられていますが、これは構成する地質の成因やその形成年代によって区分したものです。岩石の種類による分類ではありません。実際にはこの上に、沖積層など新しい堆積物が載ることがあり、基盤の岩石がそのままみられるわけではありませんので、注意が必要です。以下、古い順にみていきましょう。日本列島では古い地質は日本海側にあり、新しいものほど、太平洋側に分布する傾向があります。新しい付加体は主に太平洋側で生じるためです。なお飛騨帯、隠岐帯の二つと伊豆半島以外はほとんどが付加体で、付加した年代には大きな差があります。

日本列島はフォッサマグナで大きく西日本と東日本に大別されます。また西日本はさらに中央構造線によって内帯（日本海側）と外帯（太平洋側）に分かれます。内帯には飛騨帯、隠岐帯、秋吉帯、三郡帯・舞鶴帯・超丹波帯、美濃・丹波帯、領家《りょうけ》帯などがあり、それぞれの起源と時代は次のようになります。

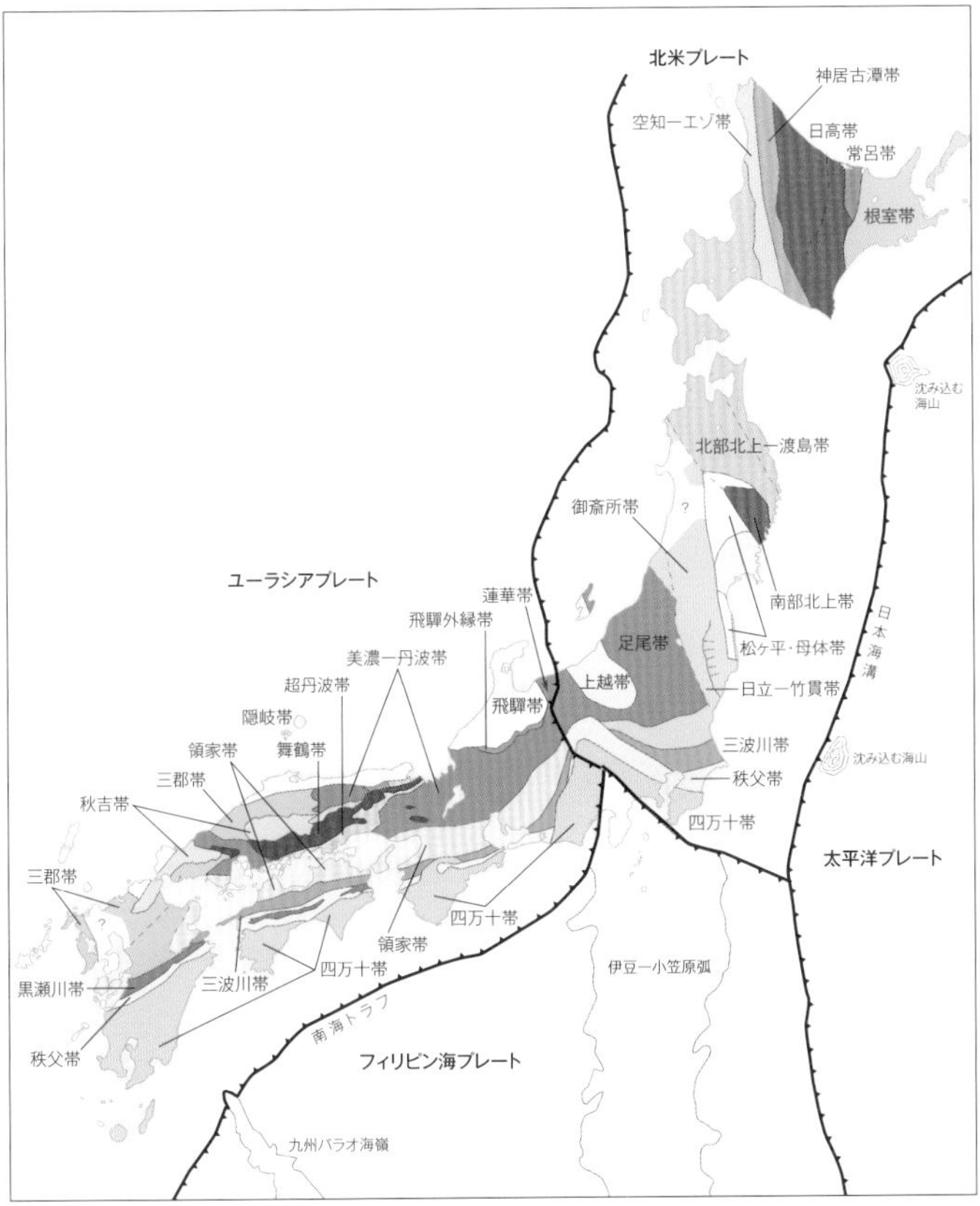

図2-5
日本列島の地質区分

飛騨帯・隠岐帯―先カンブリア紀にあったユーラシア大陸のかけら
秋吉帯―ペルム紀の付加体
三郡帯・舞鶴帯・超丹波帯―ペルム紀の地層やそれが変成したもの
美濃・丹波帯―ジュラ紀の付加体
領家帯―白亜紀に貫入した花崗岩

外帯の方は、三波《さんば》川帯、秩父帯、四万十帯からなり、これに南の海からやってきた伊豆半島や丹沢山地などが加わります。起源は以下のようです。

三波川帯―白亜紀～古第三紀の地層が変成したもの
秩父帯―ジュラ紀の付加体
四万十帯―白亜紀～古第三紀の付加体

一方、東日本の方には、南部北上帯、日立帯、北部北上帯・渡島《おしま》帯、三波川帯、秩父帯、美濃・丹波帯、足尾帯、領家帯、日高帯などがあります。このうち三波川帯や秩父帯、美濃・丹波帯、領家帯は西日本からの続きですので、説明は省きます。

日立帯、南部北上帯—先カンブリア代にあったユーラシア大陸のかけら

上越帯—ペルム紀の付加体

北部北上帯・渡島帯—ジュラ紀の付加体

なお地質時代の名称と始まった時期、主な動物と植物の化石については表２－２に示しました。各地質時代の語源は以下の通りです。

カンブリア紀—ウェールズのラテン語名。

オルドビス紀・シルル紀—ローマ軍に抵抗した古代ウェールズの部族名。

デボン紀—南イングランドの地名。この時代の地層が最初に詳しく調査された場所。

石炭紀—この時代のイギリスで石炭層が厚く堆積したことによります。

ペルム紀（二畳紀）—ウラル山脈西麓のペルムを模式地にしたことにちなみます。二畳紀はこの時代の地層が大きく二つに分かれることによります。

三畳紀（トリアス紀）—この時代の地層が大きく三つに分かれることによります。

ジュラ紀—この時代の化石が豊富なジュラ山脈（スイス・フランスの国境）にちなみます。

白亜紀—チョーク（白亜）の厚い堆積物によります。英語名のCretaceousはチョークのラテン名cretaによります。ドイツ語ではKreideといいます。

古第三紀・新第三紀—初期の地質学では地質時代全体は第一紀から第四紀の四つに区分されていました。その後、第一紀、第二紀は古生代、中生代等に置き換えられ、第三紀と第四紀だけが残りました。このうち第三紀は近年、古第三紀と新第三紀（二三〇三万

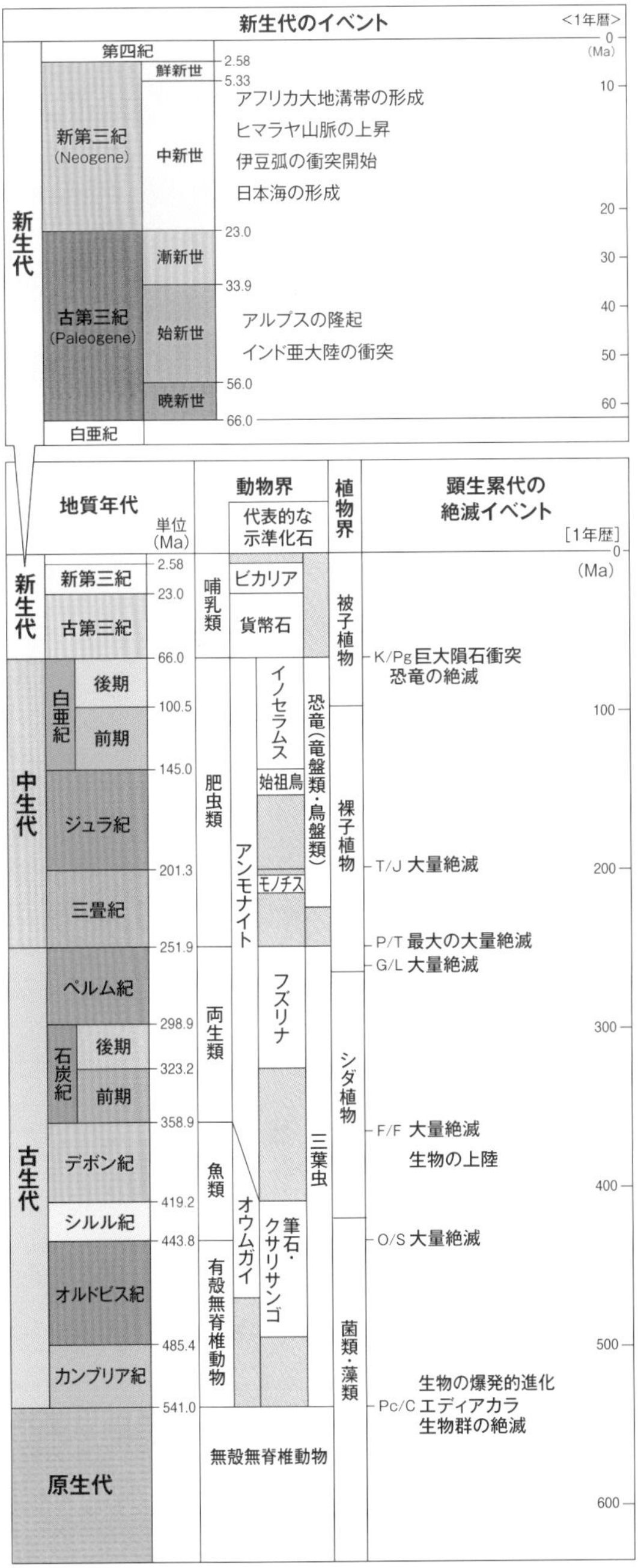

表2-2　地質年代表（年代値はICS国際年代層序表v.2019/05に基づく）

年前から二五八万年前まで）に二分されました。地層の堅さに明瞭な差がありますし、時間的にも古第三紀～新第三紀は六三〇〇万年と長いので、妥当な判断だと思います。

5.日本列島の地質各論

西南日本の主な付加体が生じた時期を模式的に示すと図2－6のようになります。それぞれの縦棒の上に示された年数が付加した時期、縦棒の一番下が堆積の始まった時期

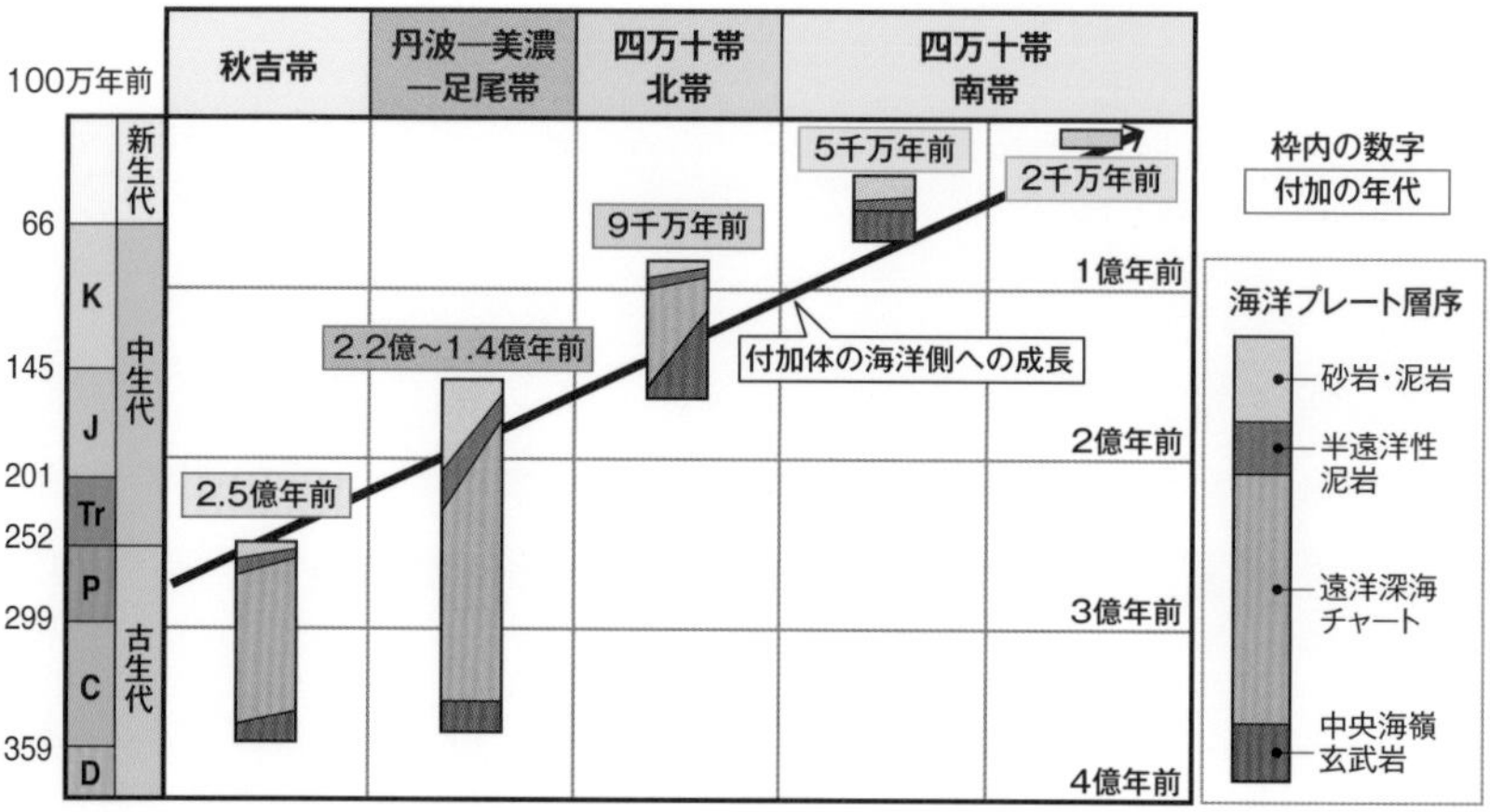

図2-6　西南日本の主な付加体が生じた時期

を示しています。

以下、各地質帯について特色を記載します。なお本書で示した各帯の分布図はすべて生命の星・地球博物館編の『日本列島20億年　その生い立ちを探る』から引用したものです。

①先カンブリア時代の超大陸のかけら—飛騨帯、隠岐帯—

北アルプスや能登半島付近と隠岐の島や山陰地方に分布する日本最古の地質です（図2－7）。六億年以上前のロディニア超大陸、あるいは五億年くらい前にできたゴンドワナ超大陸のかけらとされており、片麻岩や花崗岩でできています。どこでできたのかよく分かっていませんが、平（一九九〇）は、含まれる化石が南中国やオーストラリアのものに似ていることから、南半球の赤道～中緯度地域であったと推定しています。

ただ最近の研究によれば、飛騨帯を構成する飛騨変成帯の片麻岩や花崗岩は年代測定の結果、二億五〇〇〇万年前という年代を示すものが多く、飛騨帯は単なる大陸のかけらではなく、大陸衝突型の造山運動でできたのではないかと考えられるようになりつつあります。大陸衝突型の造山運動というのは、まずすでに大きく成長していた大陸にリフト（地溝帯）が生じて大陸が分裂します。するとその間に海洋が形成されますが、その後、その海洋が閉じて両側の大陸同士が衝突し、山地が隆起す

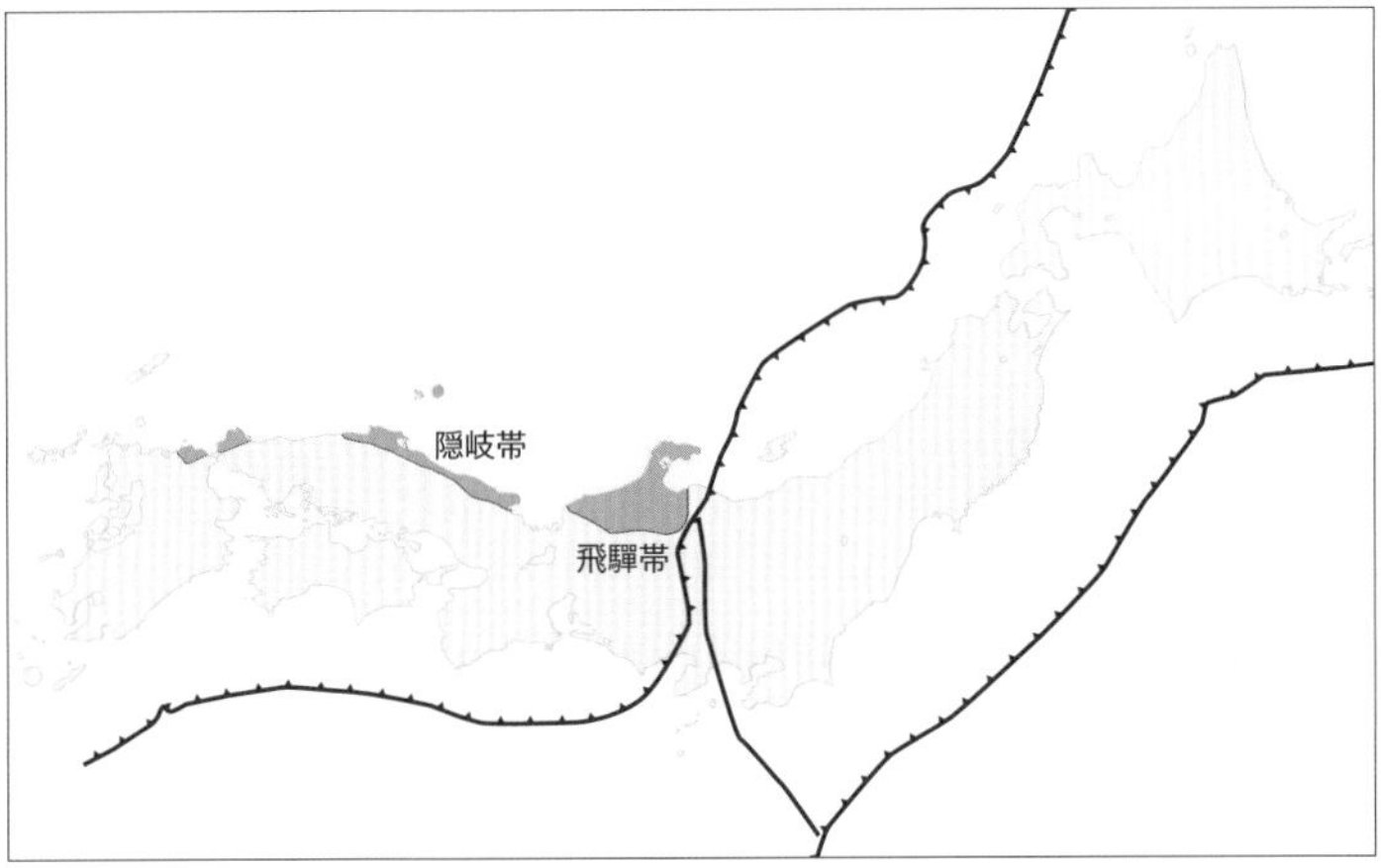

図2-7　飛騨帯と隠岐帯

ることを言います。日本周辺では古生代末期（二億五〇〇〇万年前）に中朝地塊（北中国地塊）と揚子地塊（南中国地塊）が衝突したと考えられており、この時の衝突によって中朝地塊の一部が分離して、隠岐帯、飛騨帯が形成されたといいます（石渡、二〇〇六）。大陸のかけらであることは間違いないのですが、年代がずっと新しくなっています。山では北アルプスの剱岳や立山が該当します。

飛騨帯の片麻岩、花崗岩類は、中生代ジュラ紀〜白亜紀の手取《てとり》層群によって広く覆われていますが、黒部峡谷の上の廊下や下の廊下、十字峡、S字峡などでは、深い峡谷の壁に露出し、標高差一〇〇〇mを超える日本でもっとも峻険で豪壮な谷地形をつくり出しています。

②最初の付加体（五億年前のオフィオライト）
—早池峰オフィオライト・大江山オフィオライト—

オフィオライトというのは岩石の名前ではなく、過去の海洋地殻を構成していた一連のユニットのことをさします。下位からマントルの一部であった橄欖《かんらん》岩、斑糲《はんれい》岩、粗粒玄武《そりゅうげんぶ》岩、玄武岩の枕状溶岩の順番に堆積し、その上にチャートが載ります。早池峰山や大江山は古太平洋の海洋地殻が陸上に乗り上げたオフィオライトでできていると考えられており、五・一億年前という年代が出ています。

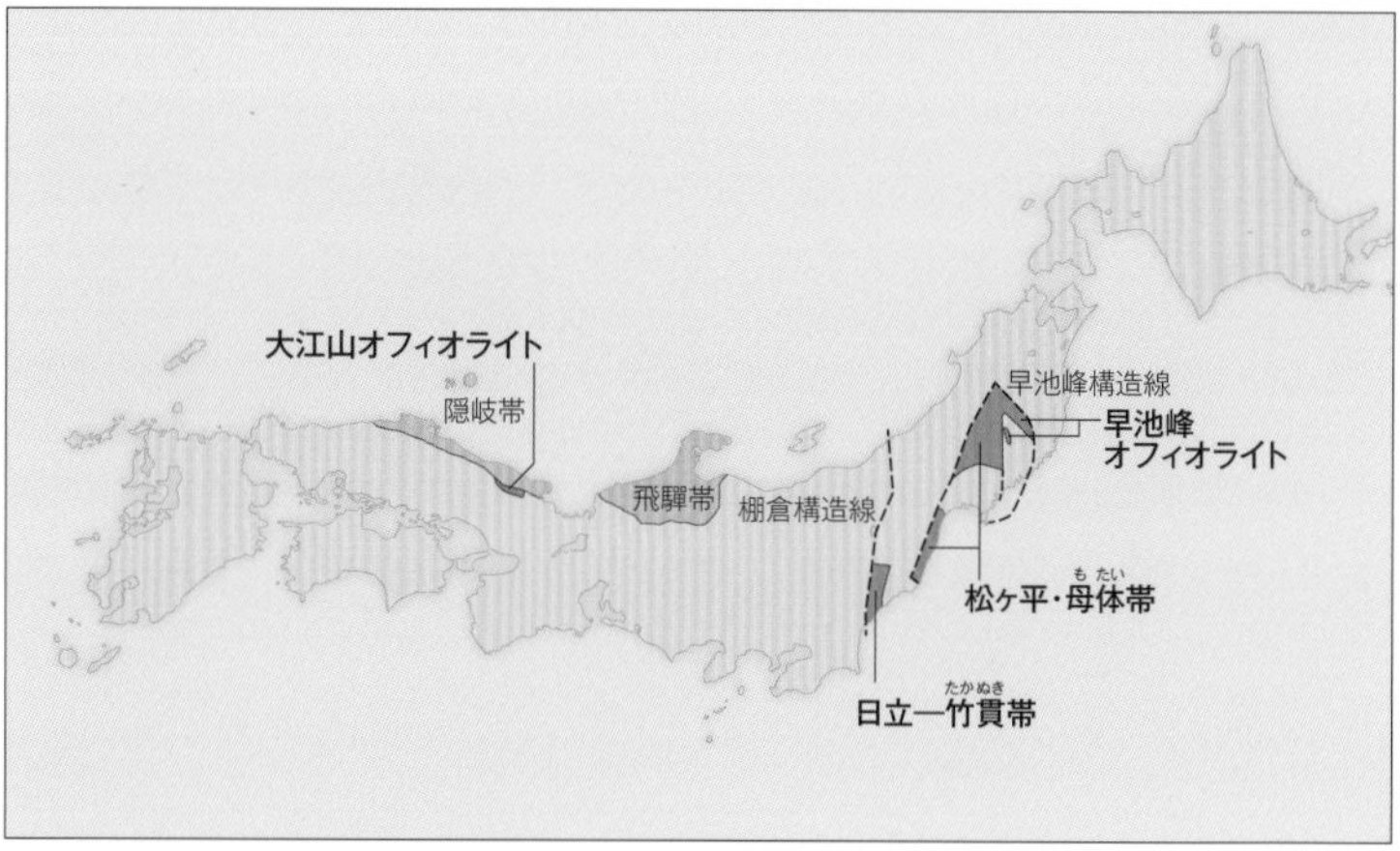

図2-8　早池峰オフィオライトなどの分布

六億年前、南半球にアフリカや南米、南極、インドが合体してロディニア超大陸ができていましたが、その縁に揚子地塊があり、早池峰山や大江山はそのそばに位置していたようです。これが日本列島最初の付加体に当たりますが、付加体としては特殊なタイプです。オフィオライトはその後、断層などの地殻変動などによって分裂し、断片に分かれました（図２－８）。

③五億～三億年前の付加体

―南部北上帯、飛騨外縁帯、蓮華帯、黒瀬川帯、上越帯―

五億年前、南半球を中心にしてできたばかりのゴンドワナ大陸は再度、分裂を始め、各大陸は北に向かって移動を始めます。日本を含む南中国地塊は移動が遅れ、まだ南半球にありました。北上の途中、赤道付近を通過しますが、そこにはいくつもの海山があり、周りをサンゴ礁が取り巻いていました。この海山群が古生代シルル紀～デボン紀（四・四億年前～三・六億年前）に付加しました。サンゴの化石を含む石灰岩や変成岩、火成岩、砂岩、オフィオライトなどでできています（図２－９）。

このうち南部北上帯は、北上高地南部の遠野付近から南の牡鹿《おしか》半島にかけて分布します。一方、飛騨外縁帯や蓮華帯、黒瀬川帯は付加後の地殻変動などによって引きちぎられ、断片が線状に配列するような形にな

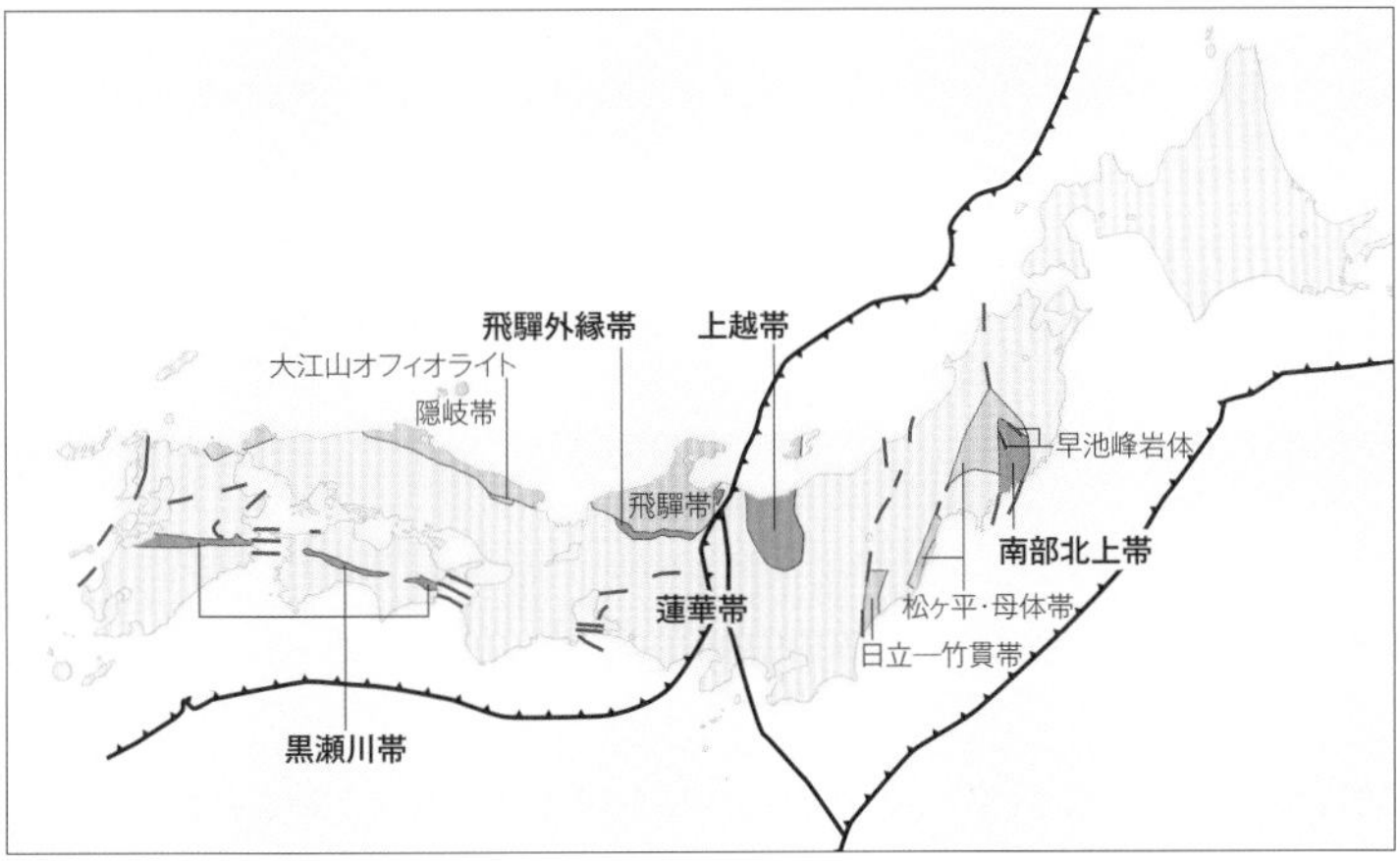

図2-9　飛騨外縁帯などの分布

りました。蛇紋岩を伴うことも多く、糸魚川ジオパークの小滝川沿いでみられるヒスイ峡のヒスイは、蓮華帯の結晶片岩に含まれ、地下深部から蛇紋岩とともに持ち上げられたものと考えられています。山では北アルプスの白馬岳、雪倉岳、朝日岳などが飛騨外縁帯に該当します。ここでも蛇紋岩が広く分布しています。

なお近年、東京西多摩の日の出町では、西日本でしか知られていなかった黒瀬川帯の岩石（蛇紋岩や枕状溶岩、石灰岩等）が発見され、話題を呼んでいます。

上越帯というのは、越後湯沢の東方から只見にかけての山岳地帯が該当します。西の限界は新潟県の魚野《うおの》川から、越後湯沢と群馬県の沼田を結ぶ線に当たり、東の限界は群馬県の片品川と福島県の桧枝岐《ひのえまた》川になります。谷川岳や至仏《しぶつ》山、巻機《まきはた》山、越後三山、平ヶ岳、会津駒ヶ岳など、越後山脈の南部と利根川源流の山々を含みます。

④三億〜二・五億年前の石灰岩と変成岩―舞鶴帯、秋吉帯、三郡帯―

三億〜二億年前、分離していた大陸が合体してパンゲア超大陸ができました。南極から北極までつながったような、南北に細長い超大陸で、この後、真ん中から東西に分かれて大西洋ができることになります。揚子地塊や後に日本列島を構成する飛騨外縁地塊群などは、パンゲア超大

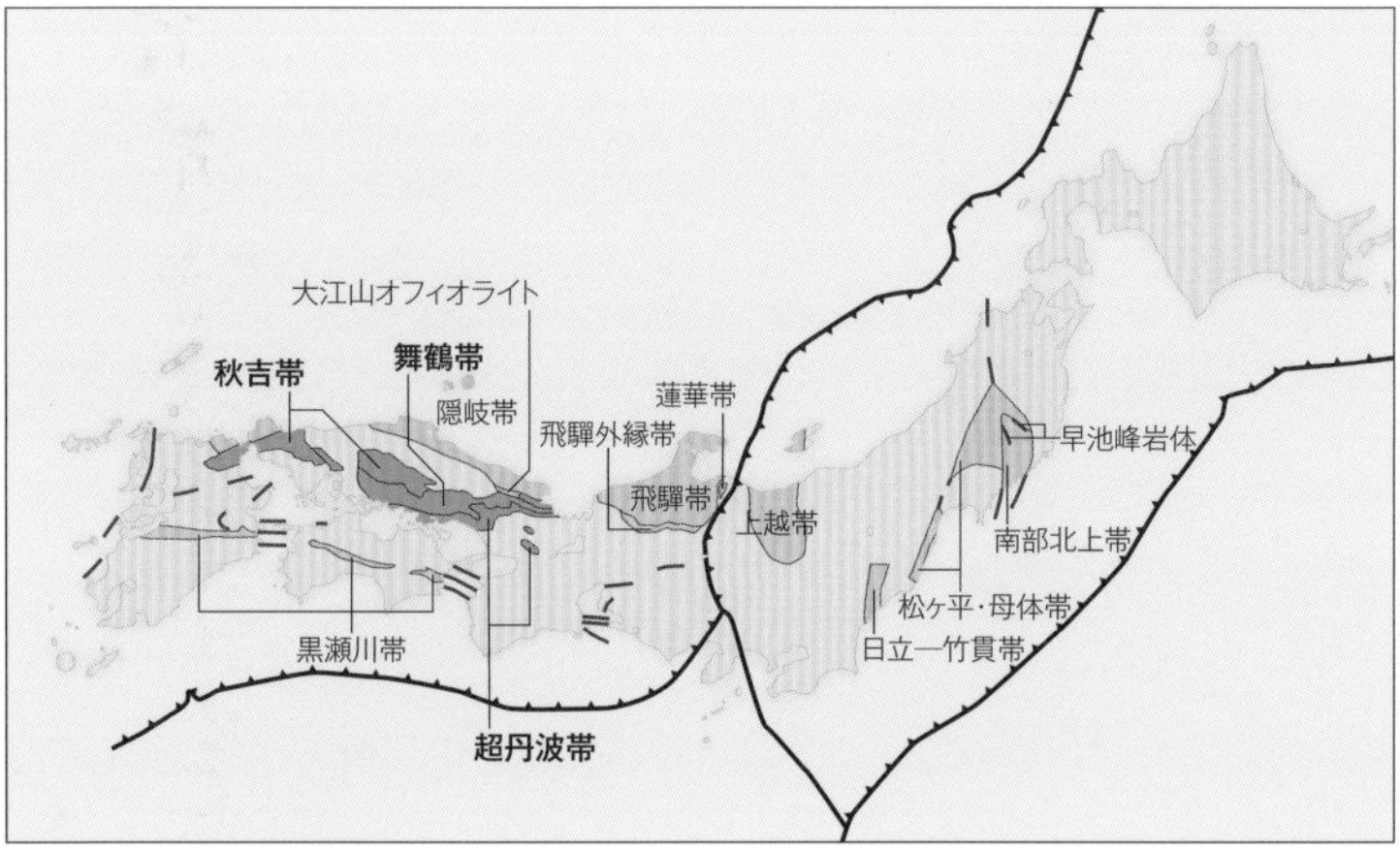

図2-10　舞鶴帯、秋吉帯の分布

陸からは離れた、超海洋パンサラサ海の縁にある島や海山でした。秋吉帯や舞鶴帯は、古生代後期の石炭紀からペルム紀（三・六億年前〜二・五億年前）にパンサラサ海（古太平洋）にあった海山に堆積した石灰岩でできています。北中国地塊（中朝地塊）に、ファラロンプレートに載って北上してきた南中国地塊が衝突し、舞鶴帯や秋吉帯の石灰岩はこれに続いて海溝に潜り込むことによって付加しました。二・五億年前のことです。秋吉台のほか、福岡県・平尾台、岡山県・阿哲《あてつ》台、広島県・帝釈台のカルスト台地はすべて一連のもので、その後、地殻の動きに伴って分離しました（図２－10）。

　舞鶴帯、秋吉帯が付加したとき、一部はさらに深部まで沈み込んで、高圧により変成岩になりました。これが三郡帯で、比婆山《ひばやま》などのある中国山地の西部から中部を占めます。原岩は石灰岩のほか、チャート、海洋起源の玄武岩、それに砂岩や泥岩です。同じころ、兵庫県の姫路付近から若狭湾の小浜付近にかけて細長く延びる超丹波帯も付加しました（図２－11）。

⑤二億〜一億年前の付加体―美濃・丹波帯、秩父帯、足尾帯など―

　三億年前、赤道あるいは赤道より南で、たくさんの海山が誕生し、そこにはサンゴ礁が付着しました。その海山を載せるイザナギプレートや

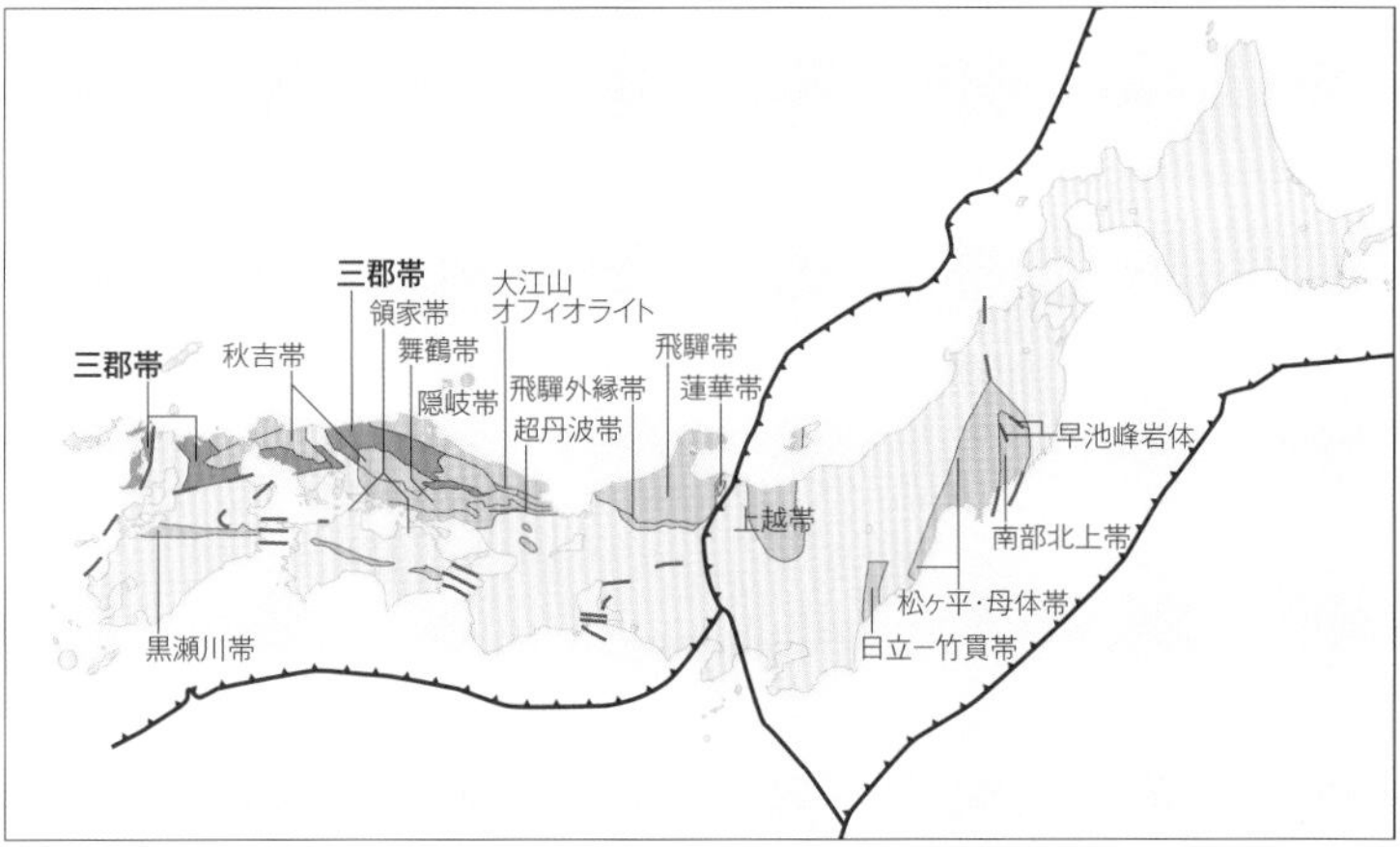

図2-11　三郡帯の分布

クラプレート（古太平洋プレート）が南から移動してきます。移動の途中で加わったチャートやタービダイトも併せて、ユーラシアプレートの下に潜り込み、当時の日本海溝に当たる海溝に沿って大量の付加体が生じました。それが二億年前（ジュラ紀）から一億年前（白亜紀）にかけての付加体です。日本列島の地質の三割ほどを占める重要な地質帯です。全国各地に分布しているため、近くにある山などで手にふれることが可能で、私たちにとって身近な地質となっています。砂岩・泥岩を主体としますが、ほかに石灰岩やチャートなども含みます。その後、日本列島の回転や伊豆半島の衝突などにより、いくつかのブロックに分かれ、現在に至ります。

秩父盆地にそびえる武甲山は、ジュラ紀の付加体である秩父帯の泥岩中に取り込まれた石灰岩の大きな塊で、古くから採掘されてきました。秩父帯は筆者が学部学生だったころは古生代のものと考えられていたため「秩父古生層」と呼ばれていましたが、その後、放散虫を用いた年代決定により中生代ジュラ紀の地層であることが判明して「秩父中古生層」と名称が変わり、さらに年代を含まない秩父帯に変更になりました。秩父帯の山としてはほかに奥多摩の御岳山《みたけ》、両神山《りょうがみ》、四国の剣山、四国カルストなどがあります。

足尾帯の山としては、足尾山地、帝釈山地、越後山脈の北部、飯豊山

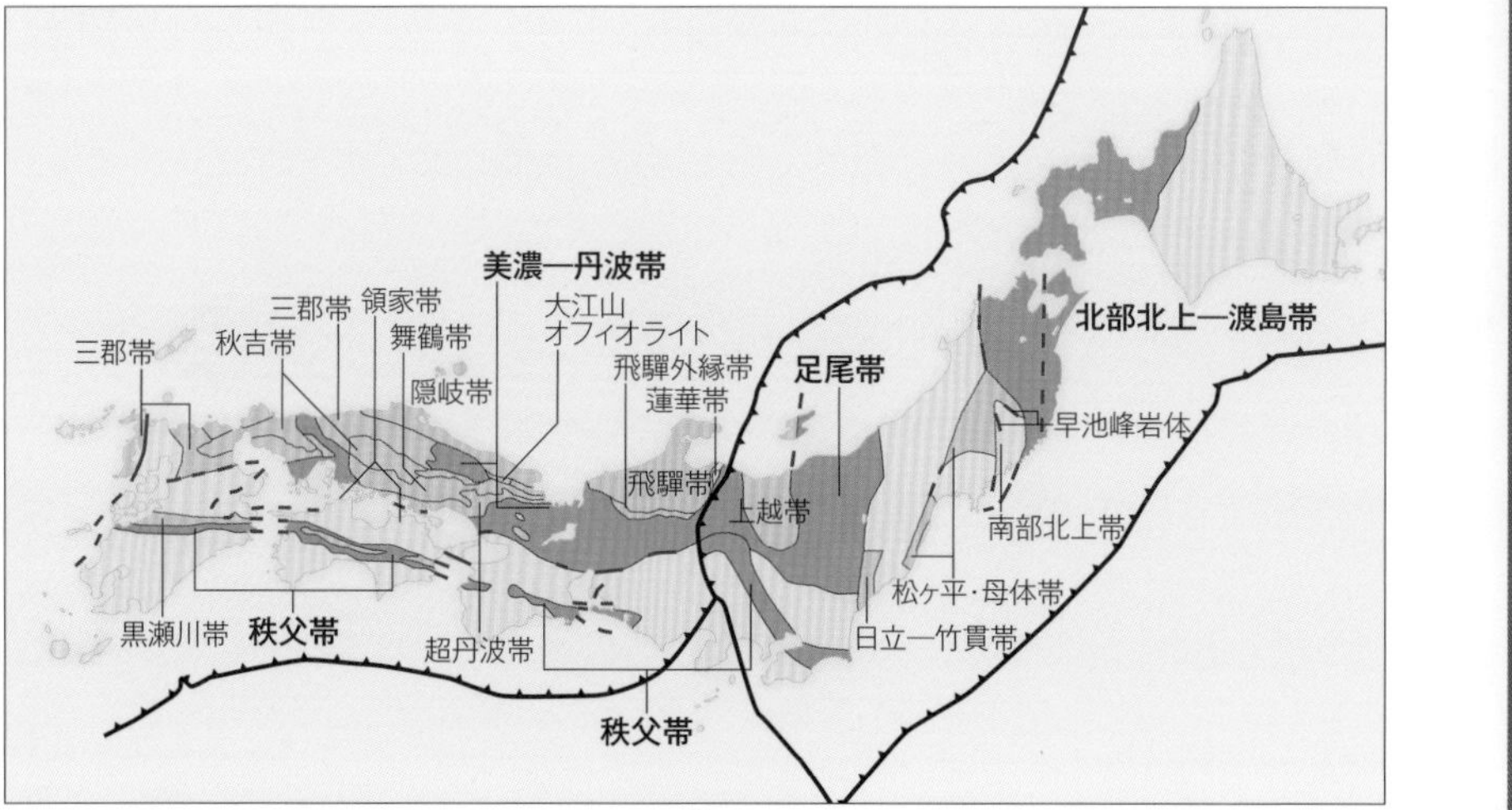

図2-12　美濃・丹波帯、秩父帯、足尾帯など白亜紀・ジュラ紀の付加体の分布

地、朝日山地、八溝《やみぞ》山地、筑波山などがあり、美濃・丹波帯の山としては伊吹山や比良山地の武奈《ぶな》ヶ岳、鈴鹿山脈の霊仙《りょうぜん》山、藤原岳、竜ヶ岳などがあります。また中国地方西部の広島・島根・山口・三県県境の冠山山地にも、冠山（一三三九m）や羅漢山、平家ヶ岳などの山々があります（図2－12）。

⑥一億年前の変成岩―三波川帯―

一億四〇〇〇万年前ころから一億一〇〇〇万年前にかけて、海嶺を含むイザナギプレートそのものが古日本海溝から地下に潜り込み始め、それに伴って付加体の一部が地下深部に押し込められて高圧を受け、変成岩となりました。これが三波川帯の変成岩です。変成岩の岩体は八〇〇〇万年前から七〇〇〇万年前ころにかけて地下から上昇し、地上に顔を出しました。秩父・長瀞《ながとろ》のさまざまな結晶片岩や、四国中部の景勝地・大歩危《おおぼけ》小歩危《こぼけ》の渓谷を形づくる結晶片岩も三波川帯の変成岩です。なお三波川というのは群馬県の南部を流れる神流川《かんながわ》の支流の名前です。中央構造線の南側に沿うように細長く延びています（図2－13）。

同じころ（白亜紀後期）に東日本ではイザナギプレートそのものの古日本海溝への潜り込みに伴って北上山地の中央部に火山フロント

図2-13　四国・大歩危小歩危の三波川結晶片岩
三波川帯の結晶片岩は銀色をしていて美しい上、扁平に割れるので、
城や大きな寺の石垣に用いられることがよくある

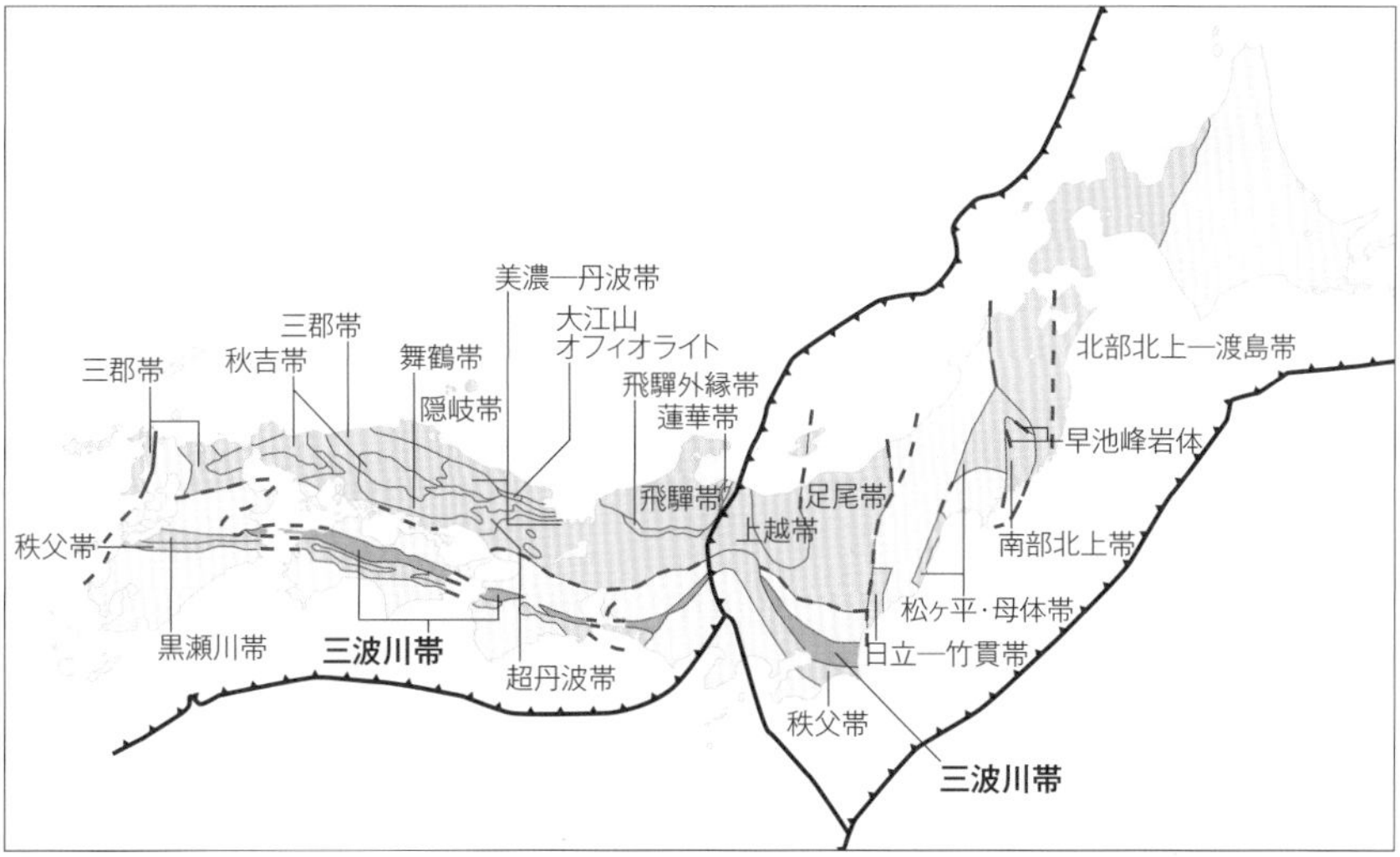

図2-14　三波川帯の分布

図2-15　浦富海岸の花崗岩

ができ、広域にわたって火成活動が活発化しました。その結果、北上山地などの地下に大きな花崗岩の岩体ができましたが、その花崗岩は現在、姫神山、早池峰山南方の薬師岳、三陸の五葉山などに露出しています（図2－14）。

⑦九〇〇〇万前〜六〇〇〇万年前の変成岩と流紋岩
—領家帯と濃飛《のうひ》流紋岩—

領家帯は中央構造線の北側に分布する高温高圧型の変成岩類です。主に花崗岩や片麻岩、ホルンフェルス、粘板岩といった岩石でできています。約一億年前、クラプレートと太平洋プレートの間にあった中央海嶺が古日本海溝に沈み込むという事件が起こりました。その結果、地下に大量の花崗岩質マグマが供給され、その熱を受けて高温高圧の変成岩類ができました。これが領家帯の起源です。中央アルプスは七〇〇〇万年前の領家帯の花崗岩でできており、木曽谷の名勝・寝覚めの床も同じ花崗岩でできています。

中国地方にも岡山県や広島県を中心に花崗岩が広く分布していますが、やはり同じ時期に貫入してきたものです。山陰海岸国立公園の浦富《うらどめ》海岸（鳥取県）も六〇〇〇万年前の花崗岩からなり、国の名勝・天然記念物に指定されています（図2－15）。

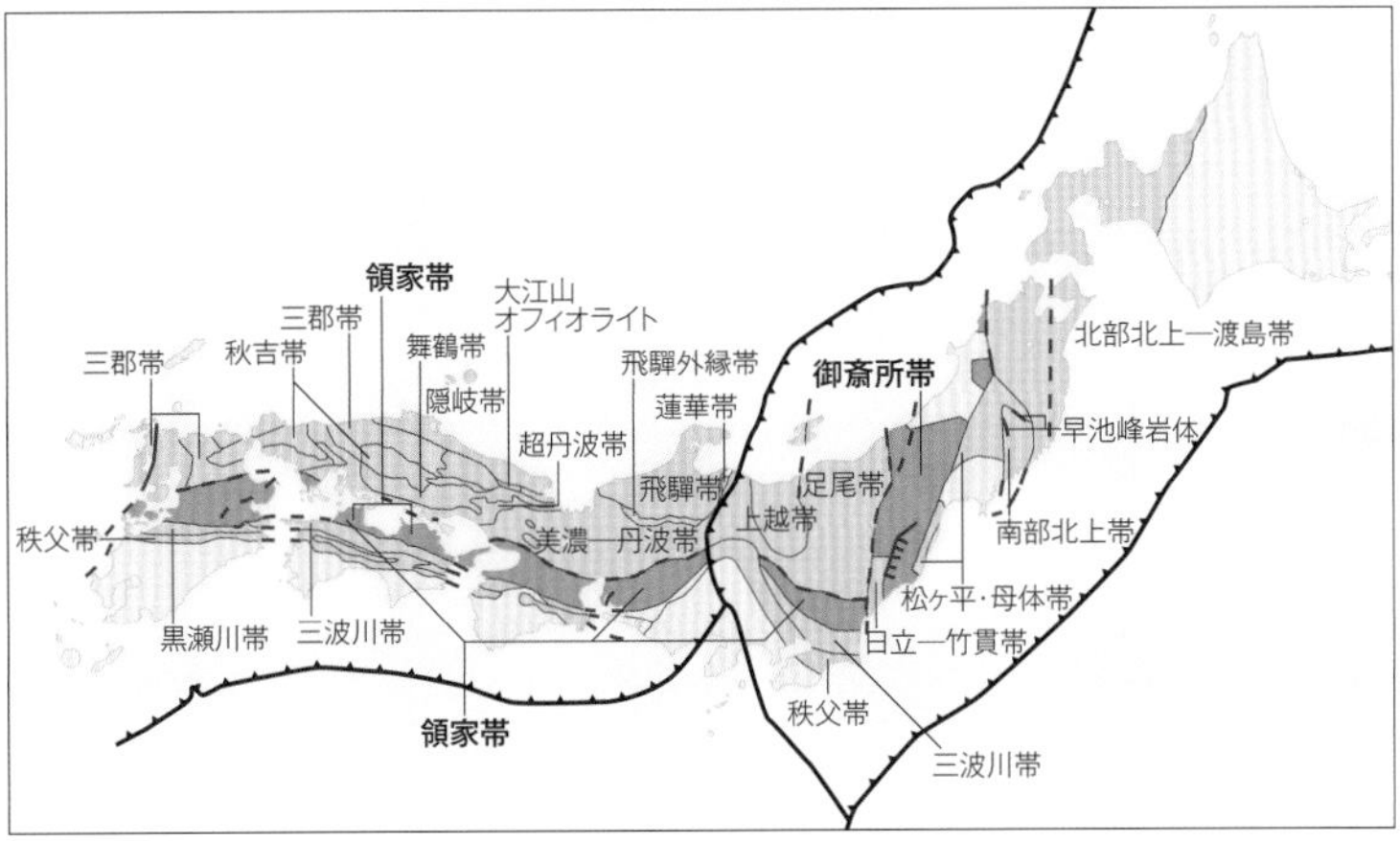

図2-16　領家帯の分布

領家帯に属する山々としては、この他、金剛山地の金剛山（一一二五m）や葛城山《かつらぎ》（九五九m）和泉《いずみ》山脈や高見山地の山々、讃岐山脈の竜王山（一〇六〇m）などがあります。

また出雲地方の花崗岩も同じころに大陸の地下でできたもので、磁鉄鉱を含むため、風化したマサ（真砂。花崗岩が風化してできた砂）は「たたら製鉄」に利用されてきました。また川から運び出された土砂が堆積した海岸の砂浜にも砂鉄が多く見られます。領家帯の名前は天竜川の支流・水窪川上流の地名・奥領家にちなみます。（図2－16）

高温のマグマの供給は九〇〇〇万年前から六〇〇〇万年前まで続き、マグマは地上に溢れ出て、岐阜県東部（美濃と飛騨）の広大な地域に流紋岩の台地が広がりました。これを濃飛流紋岩と呼びます。日本列島には流紋岩の分布は少ないのですが、岐阜県東南部には珍しく流紋岩の広い分布が見られます。ここの流紋岩は風化に弱いため、濃飛流紋岩地域には現在、なだらかな地形が広がります。北アルプスでは薬師岳の溶結凝灰岩がこの時期の火成岩に当たります。

⑧一億年前以降の付加体―四万十帯―

四万十帯は西南日本外帯に広く分布する、一億三〇〇〇万～三〇〇〇万年前の付加体です。屋久島・種子島から九州の南半分、四国の南

図2-17
四万十帯の分布

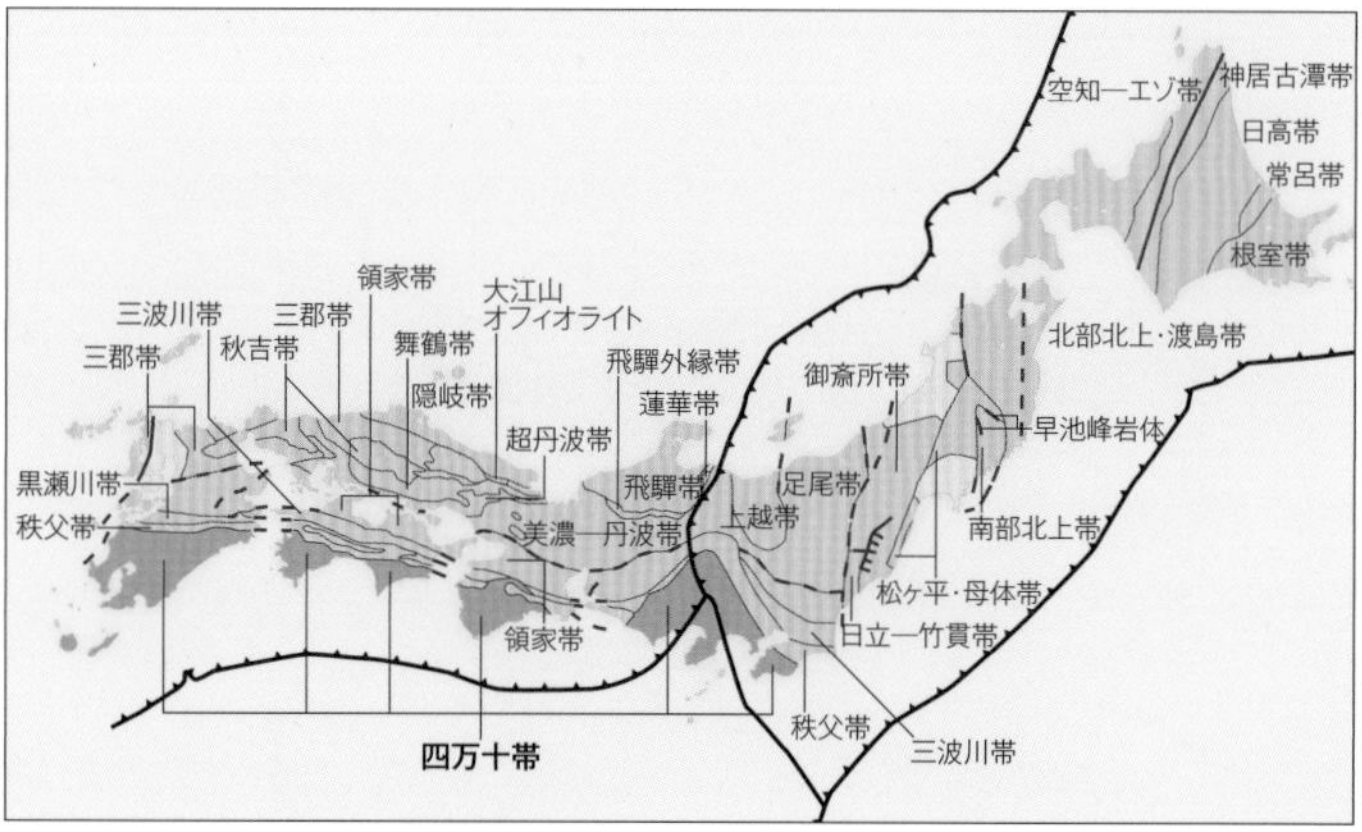

半分、紀伊半島、南アルプス、関東山地、房総丘陵まで一〇〇〇㎞にわたる長い帯状の分布を示します（図２－17）。砂岩や泥岩、粘板岩を主とし、それにチャートや石灰岩、玄武岩などが加わります。房総丘陵を除いて急峻な山岳地域を形成することが多く、赤石山脈の名前は赤石岳の岩壁に露出する赤色チャートによるものとされています。

七〇〇〇万年前、中央構造線が左横ずれ運動を起こし、四国から紀伊半島にかけての一帯では、中央構造線の北側に和泉層群が堆積しました（図２－18）。

⑨北海道の地質

北海道の地質は、ほぼ南北方向に配列していますが、渡島半島と、日高山脈を中心とする胴体部、それに東部の知床・阿寒地域と、もともと別の島だったものが合体したために、それぞれ地質も異なります。

西側の渡島半島とその続きの増毛山地は、東北北部の続きといってよいジュラ紀の付加体・渡島帯と、礼文・樺戸《かばと》帯からなり、その上に厚いグリーンタフ（緑色凝灰岩）が載っています。

胴体部は西側から、石狩帯（空知—エゾ帯）、日高帯、常呂《ところ》帯、根室帯に分かれます。石狩帯は宗谷岬から南の三石付近に延びる白亜紀—新第三紀の付加体ですが、中心部に神居古潭《かむいこたん》変成帯を伴います。これは高圧型変成帯で結晶片岩のほか、夕張山地などの蛇紋岩が含まれます。また日高帯との境目に

図2-18
和泉層群の地層
時々乱れている

はイドンナップ亜帯という、主に白亜紀のメランジュからなる地帯があります（図2－19・20）。

日高帯は四万十帯に相当する白亜紀—新第三紀の付加体です。中生代末から古第三紀にかけて起こった日高造山運動によって隆起し、南の日高山脈から大雪山を含む石狩山地、さらに北見山地という、北海道の脊梁《せきりょう》部を構成するようになりました。また日高帯の南部では一三〇〇万年ほど前、知床半島から白糠《しらぬか》丘陵にかけての地塊が北東側から衝突しましたが、これにより、

図2-19　北海道の地質区分

図2-20　神居古潭変成帯からなる石狩川の峡谷

橄欖岩からなる岩体が地下深くから押し出されてアポイ岳をつくったほか、日高山脈にホルンフェルスなどの岩体や蛇紋岩などの超塩基性岩が生じました。

衝突した千島弧の一部は知床半島となって、楔《くさび》状に北海道につっこみ、現在、その先端部分に阿寒火山や屈斜路カルデラ、摩周カルデラなどの火山群ができています。この火山群は現在でも火山活動を継続しています。

根室帯は根室付近の太平洋岸に分布し白亜紀に形成された堆積岩で、砂岩・泥岩や安山岩質溶岩、凝灰角礫岩からなります。現在はその上に屈斜路火山や阿寒火山などの噴出物が載っていて基盤の岩石は海岸以外、ほとんど見ることができません。

図2-21　日本列島の回転と日本海の形成

⑩ジュラ紀の恐竜化石を含む礫岩層―手取層―

上であげた各帯ほど、面積の大きいものではありませんが、以下では日本列島ならではの特徴的な岩石を紹介したいと思います。福井県勝山には恐竜の化石の出ることで知られる「恐竜渓谷ふくい勝山ジオパーク」があります。ここの基盤岩は飛騨帯の飛騨変成岩ですが、それを覆うように「手取層群」が堆積しています。これはジュラ紀中期から白亜紀前期（一・七億年前～一・二億年前）にかけて堆積した地層です。ジュラ紀中期には海底で砂や泥が堆積していましたが、ジュラ紀後期以降は内湾あるいは湖沼性の泥や砂、礫からなる堆積物に変化しました。化石がたくさん出るのは後者の方で、そこから

図2-22　今子浦の火砕岩

発掘された化石は福井県立恐竜博物館に展示されています。山では白山が代表です。

⑪二〇〇〇万年前の日本海開裂時に噴出した火成岩

約二〇〇〇万年前から一五〇〇万年前の、日本海が開き始めた時期に地下から出てきた火山性の岩石や鉱床があります。開裂の前、日本列島は今のロシアの沿海州にくっつくような形に細長く延びていましたが、沿海州との間にひび割れが生じ、観音開きのような形に開いて現在の形になりました（図2－21）。

その結果、日本海ができたわけですが、これだけ大きな地殻変動があったわけですから、巨大地震も発生し、岩盤の割れ目を上昇してきたマグマや熱水の貫入も起こりました。佐渡島の小木海岸では枕状溶岩やピクライト質玄武岩が見られ、佐渡金山の鉱脈もこの時期に貫入してきた熱水に起源すると考えられています。また隠岐や、山陰海岸ジオパークの香住《かすみ》海岸や今子《いまご》浦（図2－22）、さらに男鹿《おが》半島などでは火砕岩が海岸の岩場をつくっています。年代は二一〇〇万年前～一八〇〇万年前を示します。

図2-23　仏ヶ浦の奇岩

⑫一五〇〇万年前の凝灰岩―グリーンタフ―

グリーンタフというのは緑色をした凝灰岩（タフ）のことを指します。グリーンタフは北海道から琉球列島まで分布していますが、もっとも広く代表的な分布地域は東北地方の日本海側ですので、そこを例に紹介したいと思います。

日本列島がロシアの沿海州から離れて現在の位置に落ち着いたころ（中新世中期、一五〇〇万年前）、日本列島が移動した後の東北地方の日本海側には南北に延びる大きな凹み（半地溝帯、ハーフグラーベン）ができました（島津、二〇一八）。当時、東北日本では陸地は北上高地と阿武隈高地くらいしかなく、秋田県や新潟県辺りは深さ一〇〇〇mを超える海の底だったのです（次章の図3－2）。

この半地溝帯では地下からマグマが上がってきて激しい火山活動が起こり、溶岩や火砕岩、火山灰などが大量に噴出しました。そして熱水変質作用などの働きを受けて堆積物は緑色に変色しました。これがグリーンタフです。下北半島の仏ヶ浦はグリーンタフが浸食されてできた景勝地です（図2－23）。また栃木県の大谷石もグリーンタフの一種で、土蔵などの建材や外壁の材料として広く使われています。

グリーンタフ地域は中新世末から鮮新世にかけて沈降から隆起に転じ、その後、第四紀には褶曲山脈となりました。奥羽山脈と出羽山地です。

図2-24　鬼が城

　グリーンタフは東北地方のほか、北陸地方や山陰地方、それに丹沢山地や御坂《みさか》山地など南部フォッサマグナ地域にも分布しています。ただ丹沢山地や御坂山地のグリーンタフは、中新世に太平洋のはるか南方で海底火山の噴出物が堆積したもので、日本海の形成とは関係がありません。

⑬一五〇〇万年前の火成活動によって生じた西南日本外帯の火山岩類

　四国や紀伊半島といった西日本の外帯では、現在火山は見られませんが、一五〇〇万年前から一四〇〇万年前ころにかけては各地で火成活動が盛んになり、その痕跡を各地で見ることができます。たとえば三重県南部と和歌山県東部にまたがる熊野川の下流部一帯には熊野酸性岩と呼ばれる花崗斑岩の分布があります。また二〇㎞ほど北の熊野市の海岸には「鬼が城」という名勝がありますが、ここでは流紋岩質の凝灰岩が波で浸食され、荒々しい地形をつくり出しました（図2－24）。

　マグマは四国の石鎚《いしづち》山付近にカルデラを形成したほか、屋島の溶岩台地、近畿の二上《にじょう》山、室生火山群、愛知県の鳳来寺山などの火山をつくりました。このほか、足摺岬に露出するラパキビ花崗岩、屋久島の宮之浦岳や永田岳などの山々をつくる花崗岩もこの時期の貫入です。

　福井県の東尋坊《とうじんぼう》の柱状節理《ちゅうじょうせつり》をつくる安山岩はやや遅れて一三〇〇万年前から一二〇〇万年前に貫入してきました。

⑭一〇〇〇万年前の地質でできた山々

一〇〇〇万年前以降というと、日本海が開いて五〇〇万年ほど経ち、日本列島は比較的穏やかな時期を迎えます。しかしユーラシア大陸ではヒマラヤ山脈の隆起が顕著になり始めた時期に当たっています。また日本ではこのころから伊豆小笠原弧の本州への衝突が始まり、甲府盆地の南を限る御坂山地や富士川の左岸に連なる天子《てんし》山地が、南の海からやってきて本州の一部となりました。

伊豆・小笠原弧というのは伊豆半島に始まり、そのはるか南の二〇〇〇kmくらい先まで連続している、夥しい数の海山群です。図2－25にはその様子が表示されていますが、それに併せて伊豆・小笠原弧が本州に突き刺さった刃のように南から突き上げているのがよく分かります。御坂山地や天子山地に続いて、六〇〇万年前には丹沢山地が、また一〇〇万年前には伊豆半島が衝突し、本州の一部となりました。この図からは今後も次々に島や海山が衝突してくることが想定されます。

ところでこの伊豆・小笠原弧というのはそもそも何なのでしょうか。現在、日本海溝からの太平洋プレートの沈み込みに伴う火山フロントは奥羽山脈上にありますが、これと同様に、伊豆・小笠原海溝からの沈み込みに対応する火山フロントが、伊豆・小笠原弧なのです。ただ一九〇〇万年前の日本海拡大前の日本列島付近（図2－26左）を見ますと、日本列島の南ではフィリピン海プレートの一部である四国海盆《かいぼん》が拡大しつつあり、拡大に伴って伊豆・小笠原弧は東に移動して、一四五〇万年前には現在の位置に落ち着き、そこで南北方向に配列するようになりました（図2－26右）。そこがちょうど、火山フロントのできる場所になったため、火山活動が盛んに起こり、無数の海山が生まれました。ところがそうなったところにたまたま日本列島が回転しながら南下してきたため

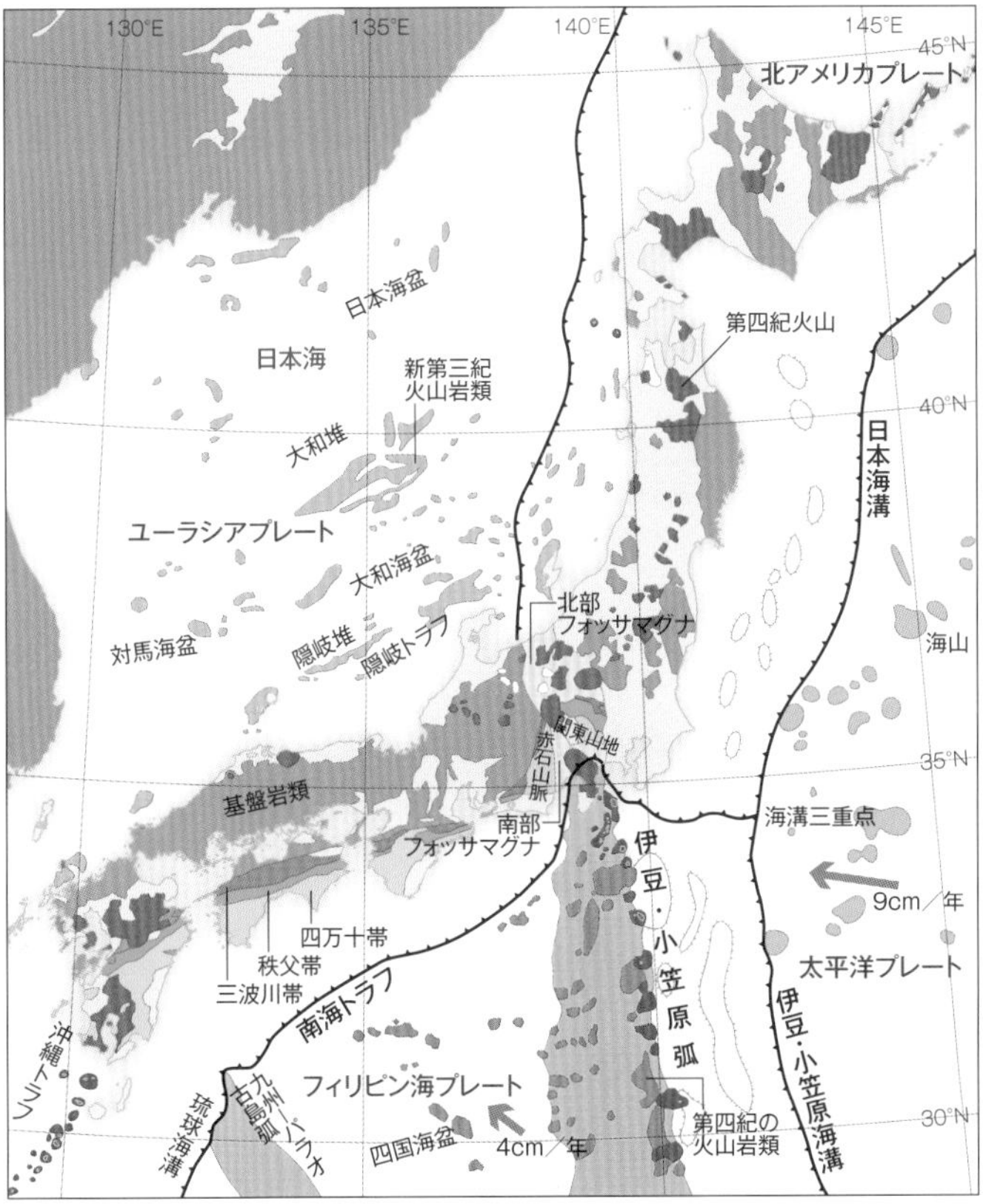

図2-25　伊豆・小笠原弧の連なり

約1900万年前

約1450万年前

九州・パラオ海嶺と伊豆・小笠原弧が分離し、四国海盆が拡大し始めた。地溝帯はさらに拡大し、海水が浸入した

オホーツク海も拡大し、千島弧ができ初めた。1500万年前になると、日本海の拡大が終了し、日本列島は本州中部で折れ曲がった

図2-26　日本海拡大前後の日本列島

図2-27
175万年前に存在した穂高岳カルデラ
槍ヶ岳から上高地までを含む巨大なカルデラができた

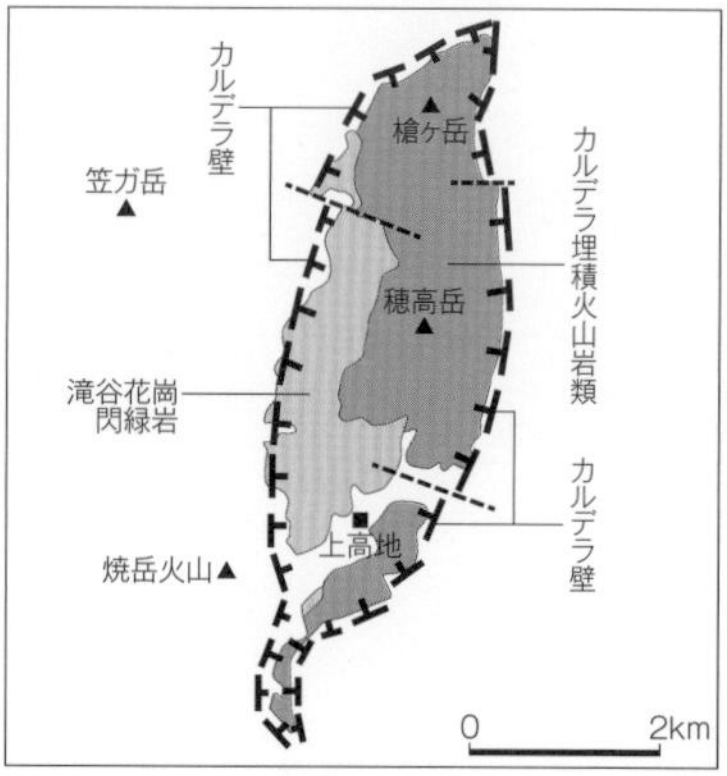

に、伊豆・小笠原弧が日本列島に刺さるような形になってしまったというわけです。

⑮六〇〇万～三〇〇万年前の岩でできた山々

六〇〇万年前には南からやってきた丹沢山地が関東山地に衝突し、両者の境目に礫岩が堆積し、その後、隆起して礫岩からなる山々ができました。山梨県大月市の岩殿山や相模湖の南岸にある石老山《せきろうざん》がこれに該当します。

また理由はよく分かりませんが、六〇〇万年前から三〇〇万年ほど前、火山活動に伴う溶岩や火砕岩の噴出が各地で起こりました。隠岐の島・島前《どうぜん》の火砕丘の形成、三浦半島荒崎海岸や城ヶ島の火山性の地層（三崎層の堆積）、荒船山や妙義山の凝灰角礫岩の堆積などがこれに当たります。危険な岩場で知られる戸隠山や米山もこのころの火山です。

⑯三〇〇万年前～一〇〇万年前の火山活動

第四紀（二五八万年前～現在）に入ると、日本列島に対する東西方向からの圧力が強まり、地殻変動が活発化してきます。その結果、山地の隆起と盆地の沈降が顕著になり、断層の動きや火山活動が激しくなってきます。たとえば、一七五万年前には北アルプスの穂高岳付近でカルデラを埋めるように大規模な火砕流が発生し、大量のデイサイト質溶結凝灰岩が噴出しました（図2－27）。この溶結凝灰岩は現在、穂高岳―槍ヶ岳間の険

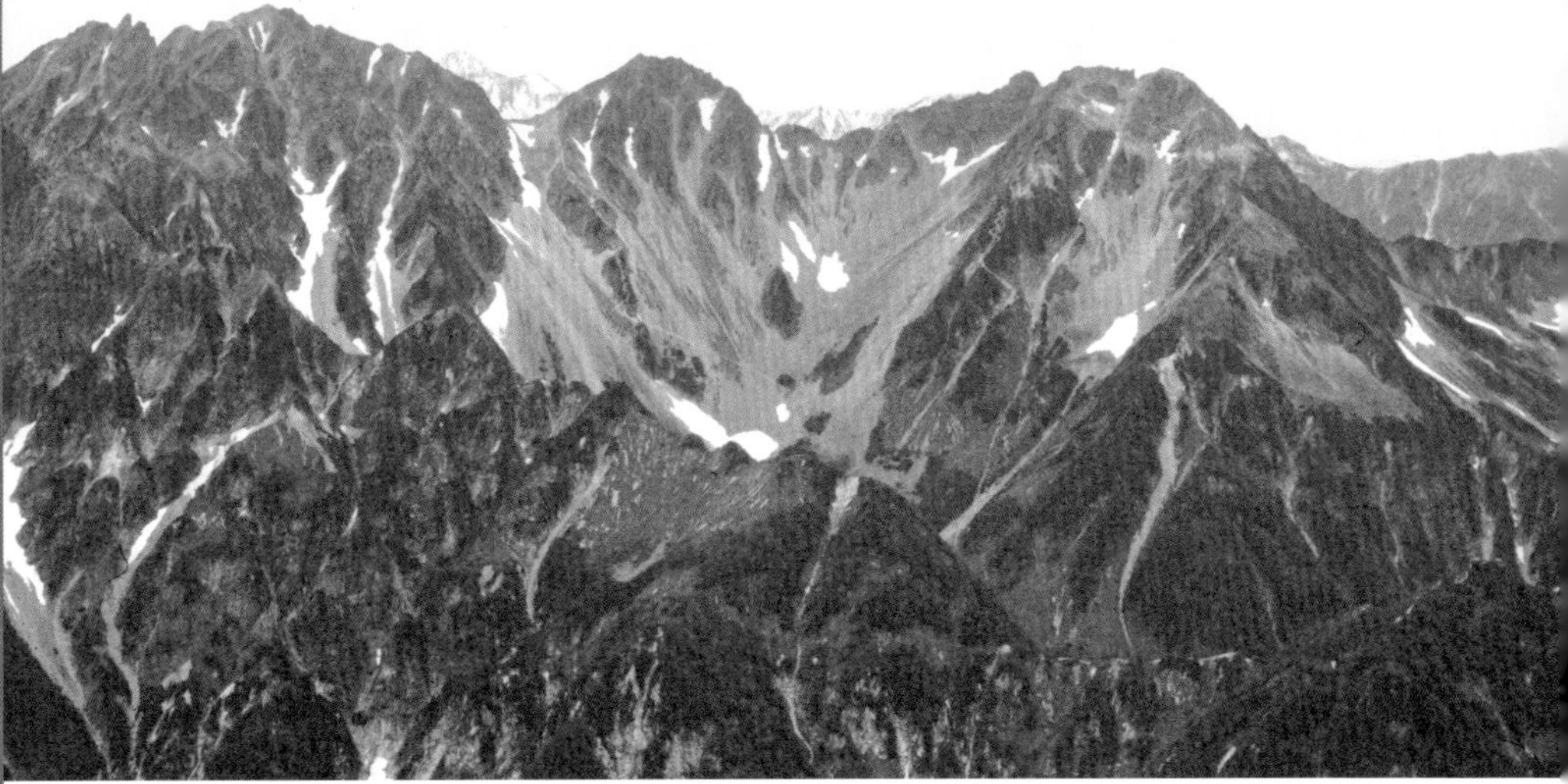

図2-28　穂高岳　左から奥穂高岳、涸沢岳と涸沢カール、北穂高岳、大キレットカール

しい稜線をつくっていますが（図2−28）、南岳の大キレットに面する側では、その後の浸食で現れた溶結凝灰岩の堆積構造を観察することができます（原山・山本、二〇〇三）。

山陰海岸ジオパークの玄武洞では、地磁気発見のきっかけになったみごとな柱状節理が観察でき、その年代は一六〇万年前とされています。一帯にはほかにも青竜洞や白虎洞などの柱状節理がよく発達した玄武岩洞窟があります。三〇〇万年前から二〇〇万年前にかけては東中国山地の氷《ひょう》ノ山《せん》（一五一〇m）付近でも火山活動が起こりました。

二〇〇万年前から一〇〇万年前にかけては、長野県・野沢温泉の東にそびえる毛無山や群馬県北部の武尊《ほたか》山が活動を始め、吾妻《あずま》山や御嶽、八ヶ岳のような大型火山でももっとも初期の活動が始まっています。

⑰一〇〇万年前〜六〇万年前の火山

この時期になると、火山の数が急激に増加します。この年代の火山としては、東北の森吉山、焼石山、八幡平《はちまんたい》、恐山、七時雨《ななしぐれ》山、船形山、猫魔《ねこま》岳などのほか、北信濃の鳥甲《とりかぶと》山、焼額《やけびたい》山、東館《たて》山、斑尾《まだらお》山、四阿山《あずまやさん》が該当します。

図2-29　岩木山　沖積地から直接そびえる珍しい火山

⑱六〇万年前〜一〇万年前の火山

火山活動は継続し、各地に新しい火山ができました。東北では八甲田山、乳頭山、栗駒山、蔵王山、吾妻山、岩木山、月山など、志賀高原付近では苗場山、飯士山《いいじさん》、高社山《たかやしろやま》、烏帽子岳などが、主にこの時期に活動した火山です。ただ火山の寿命は長いので、長い休止期の後、ここ一万年前以降に噴火し、活火山の仲間入りをしたものも少なくありません（図2−29）。

⑲現在の火山

現在、日本列島には二〇〇あまりの火山があるとされています。火山には吾妻火山や那須火山、御嶽、乗鞍岳のようにいくつものピークを擁する大規模なものから、目潟《めがた》火山のように火口一つだけのごく小規模なものまでさまざまですが、全体として堂々とした山体をもつ名山が多く、いわゆる「日本百名山」のうち四九座は火山が占めています。

ただ日本列島は全体として火山が多いのですが、北海道や東北、北関東、中部、九州に集中しています（図3−7）。太平洋側では火山が少なく、富士山、箱根、伊豆半島の火山群を除けば、火山はありません。日高山脈や北上高地、阿武隈高地、赤石山脈（南アルプス）、木曽山脈（中央アルプス）、紀伊半島、四国といったところが火山のない地域です。

第3章

日本の山地、山脈の形成

次に日本の山はいつどのようにしてでき上がってきたかを検討しておきましょう。これは山をつくる地質の形成と山地、山脈のできた時代は異なるためです。ただしこの問題を考えるには日本列島だけでなく、ユーラシア大陸全体に目を向ける必要があります。それは大陸内部のはるかかなたのできごとが、日本列島の山地の形成に大きな影響を与えているからです。

実は現在の地球で、地球科学上もっとも重要だと考えられる事件は、インド・オーストラリアプレートの一部であるインド亜大陸が北上してユーラシアプレートに衝突していることです。大陸プレート同士の衝突ですから両者なかなか譲りません。結局、小さいインド亜大陸がユーラシアプレートの下に潜り込むことになったのですが、水に浮く板が二枚重なったようなものですから、隆起する力は大きく、それによってヒマラヤ山脈や崑崙《クンルン》山脈ができたり、チベット高原が持ち上がったりしました。衝突はほかにもユーラシア大陸全体にさまざまな力を及ぼし、ユーラシア大陸全体を大きく変形させることになりました（図3－1）。そしてその影響がわが国にまで及び、わが国の山脈を隆起

図3-1
アジアにかかる力とひずみ（矢印）

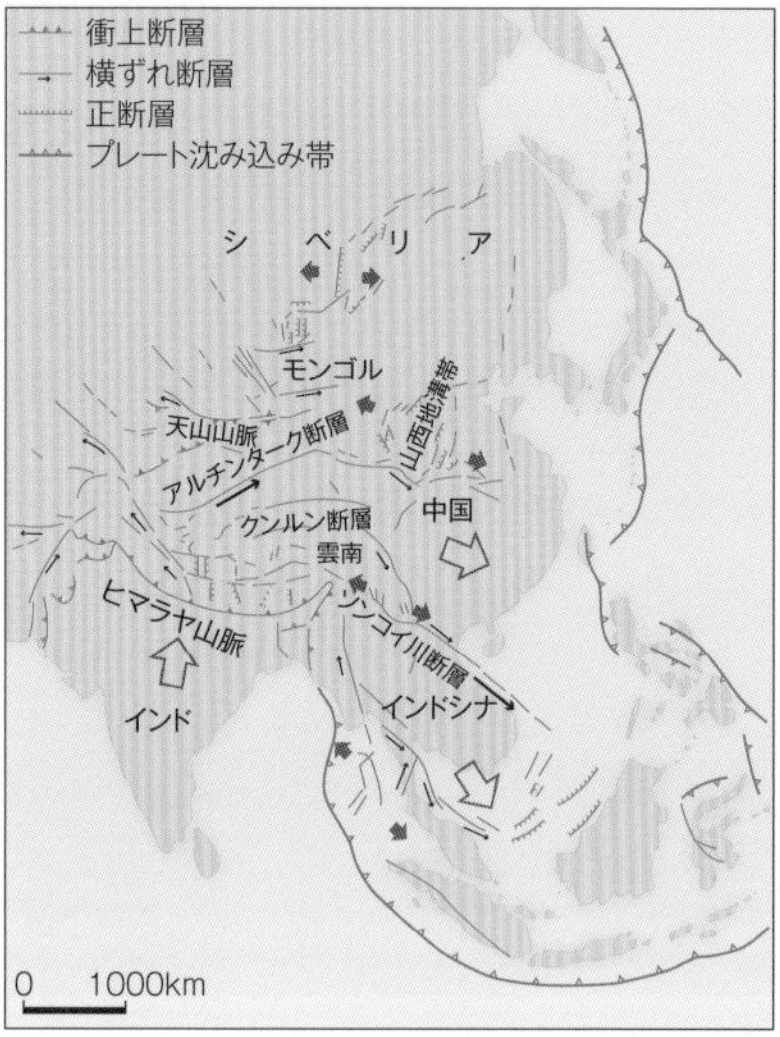

させる原動力になったということなのです。この過程を時間に沿ってみてみましょう。

1. インド亜大陸の衝突

インド亜大陸の衝突が起こったのはおよそ四五〇〇万年前のことです。現在の時点で潜り込みの先端は西崑崙山脈と阿爾金《アルチン》山脈、チーリエン（祁連）山脈を結ぶ線にまで達していると推定されています。この線はチンツァン高原（青蔵高原、青海・西蔵高原のこと。チベットは中国語で西蔵という）の北の限界に一致しています（図3－1）。

インド亜大陸の衝突の影響はきわめて多岐にわたっています。ヒマラヤ山脈、カラコルム山脈といった八〇〇〇m級の大山脈や海抜五〇〇〇mに達する広大なチベット高原をつくり出したほか、天山《テンシャン》山脈や崑崙山脈、アルタイ山脈なども隆起させました。いずれの山脈も東西に延びており、南北方向に圧縮力が働いたことを示しています。これらの山脈は、本来は古い山脈で標高も低かったのですが、南から押されて高く隆起しました（こういうタイプの山脈を復活山脈と言います）。ただし崑崙山脈の北にあるタリム盆地（タクラマカン砂漠がある盆地）や南にあるツァイダム盆地は、ユーラシアプレートが一つになる前の小プレートであったらしく、隆起に頑強に抵抗していて、盆地の形を保っています。

ヒマラヤ山脈の東のビルマ（ミャンマー）と中国の国境付近には、横断《ホンドワン》山脈という南北方向の山脈があります。ここでは長江やメコン川、サルウィン川、イラワジ川などの上流が接近し、紐で束ねたような形になっています。これもインド亜大陸の潜り込みの影響で、本来東西方向にゆったりと流れていた河が南西から押されることによって接近し、束ねられて南北に流れるようになったものです。

また北に遠く離れているバイカル湖も、インド亜大陸の潜り込みによってユーラシア大陸を東西に割るように引っ張りの力が働いたためにできたのだろうと考えられています。この力は現在も、沿海州や朝鮮半島を太平洋に向けて押し出すように働いています。

ところでインド亜大陸の潜り込みは、初期の北向きから次第に北東向きに変化してきたようにみえます。いってみれば北方の抵抗が強いので、右脇にはみだしたような形です。この結果、チンツァン高原は東に向かって動き始め、タリム盆地との間にアルチンターク断層という巨大な横ずれ断層を生じました。この断層に沿っては過去に何回も大きな内陸地震が起こったことが知られています。また中国大陸を東シナ海に向かって押し出す原因にもなりました。

現在、チベット高原を東に押し出そうとする力は、中国・内蒙古のオルドスの東側に山西地溝帯をつくり、黄河以北の中国を東西に分けるように働いています。

2. 日本海の開裂と日本列島の成立

前述のように二〇〇〇万年前ごろ、日本列島は沿海州の東側から分かれて回転しながら移動し始め、一五〇〇万年前にほぼ現在の位置に落ち着きました。移動した後にでき

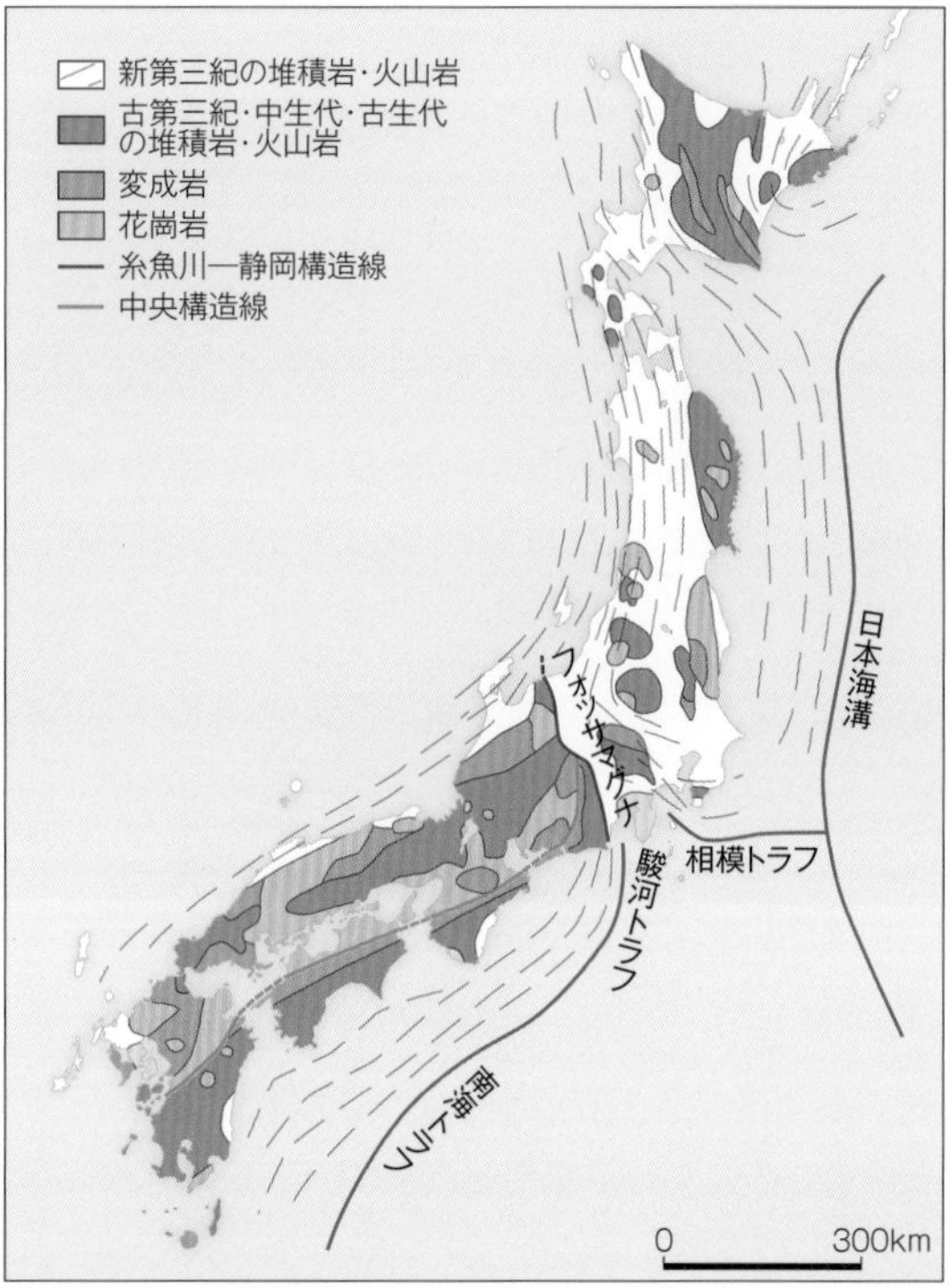

図3-2
日本列島が成立したころの
海陸の分布と地質
東日本はほとんどが海底に沈んでいた

たのが日本海です。移動に当たって東北日本は反時計回りに回転し、西南日本は時計回りに回転しました（第2章、図2－15）。しかしなぜ日本列島が回転し、日本海が生まれたのかよく分かっていません。

　西日本と東日本の接点がフォッサマグナ（大地溝帯）ということになります。これによって日本列島が誕生したわけですが、当時、東北日本は北上高地と阿武隈高地と飯豊・朝日山塊辺りを除いてほとんどが海底にありました（図3－2）。この海底に堆積したのがすでに出てきたグリーンタフです。

　フォッサマグナより西側はおおよそ陸地になっていましたが、まだ高い山はありませんでした。ただ日本列島の輪郭ができた直後の一四〇〇万年前ころは、西南日本では火山活動が相次ぎ、屋久島や石鎚山、南紀州、甲斐駒ヶ岳、金峰山《きんぷせん》などの花崗岩や安山岩溶岩からなる山体が生まれました。

3.北海道における変動

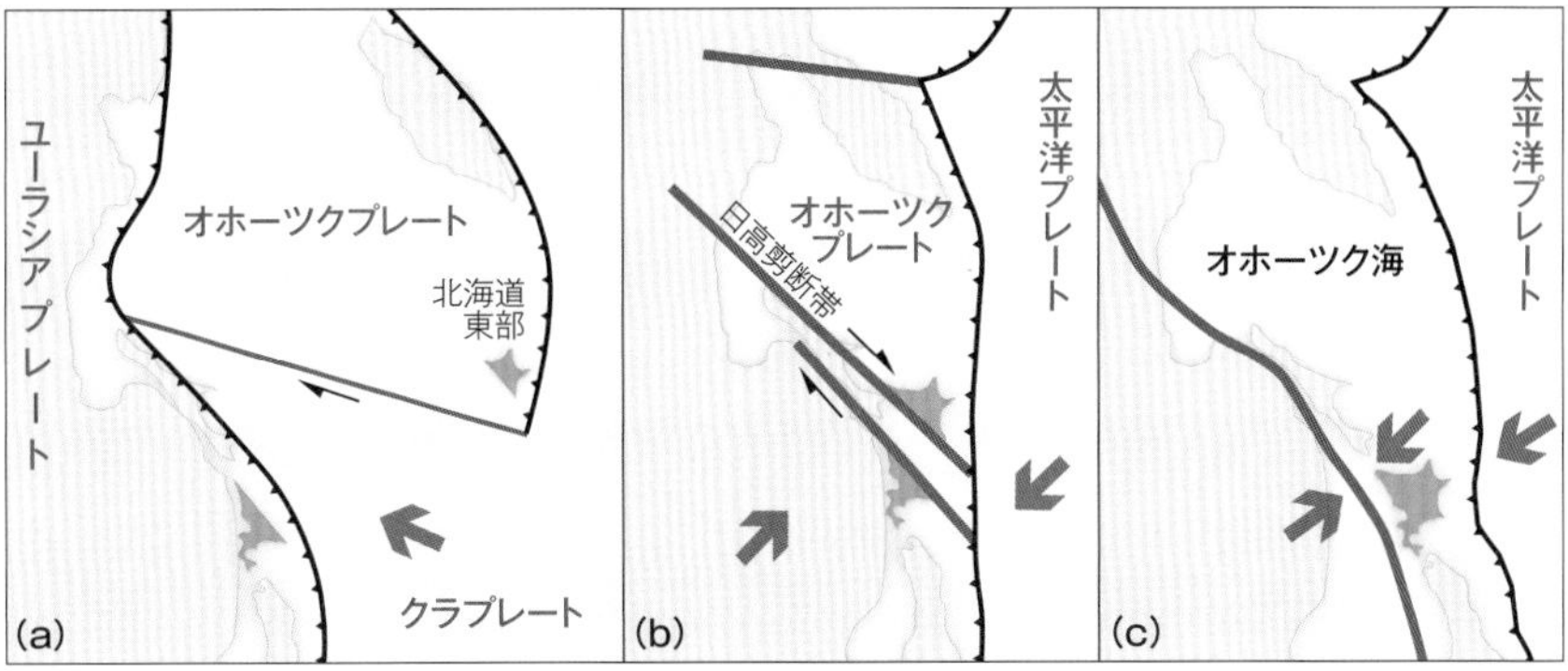

図3-3　北海道の形成過程　(a)6500万年前、(b)2500万年前、(c)現在

北海道の地形の生い立ちは本州以南とは大きく異なっています。北海道は、遠く離れていた北海道の西部を形成する陸塊と、道東をつくる陸塊が、プレートの動きによって接近し衝突したために、その間にあった海底の地質が隆起して北見山地や石狩山地、日高山脈などの高まりをつくり、一つの島になったという生い立ちをもっています。

図3-3は、六五〇〇万年前から、現在にかけての北海道付近のプレートの動きを示したものです。図の(a)は六五〇〇万年前の北海道付近の姿を示しています。北海道の沖ではクラプレート（古太平洋プレート）が東北日本の下に潜り込んでおり、それを北から追うようにオホーツクプレート（北米プレート）が南下しています。

このクラプレートの潜り込みは、現在、太平洋プレートが日本海溝で潜り込んでいるのとは様相が異なります。現在の太平洋プレートは南太平洋の海嶺で生まれたプレートが、太平洋の底をベルトコンベアーのように移動しているだけです。しかしクラプレートの場合は、海底の大火山帯である海嶺そのものがプレートに載って移動し、ついには海溝に到達してそこで地下に潜り込んでしまいました。これは一億年に一回程度しか起こらない事件です。巨大な熱源である海嶺が潜り込んでくるのですから、海溝付近では激しい火山活動や岩石の変成作用が起こります。本州ではこれにより領家帯の変成岩や花崗岩ができ、濃飛流紋岩も大量に噴出しましたが、北海道では同じ時期に神居古潭変成帯が

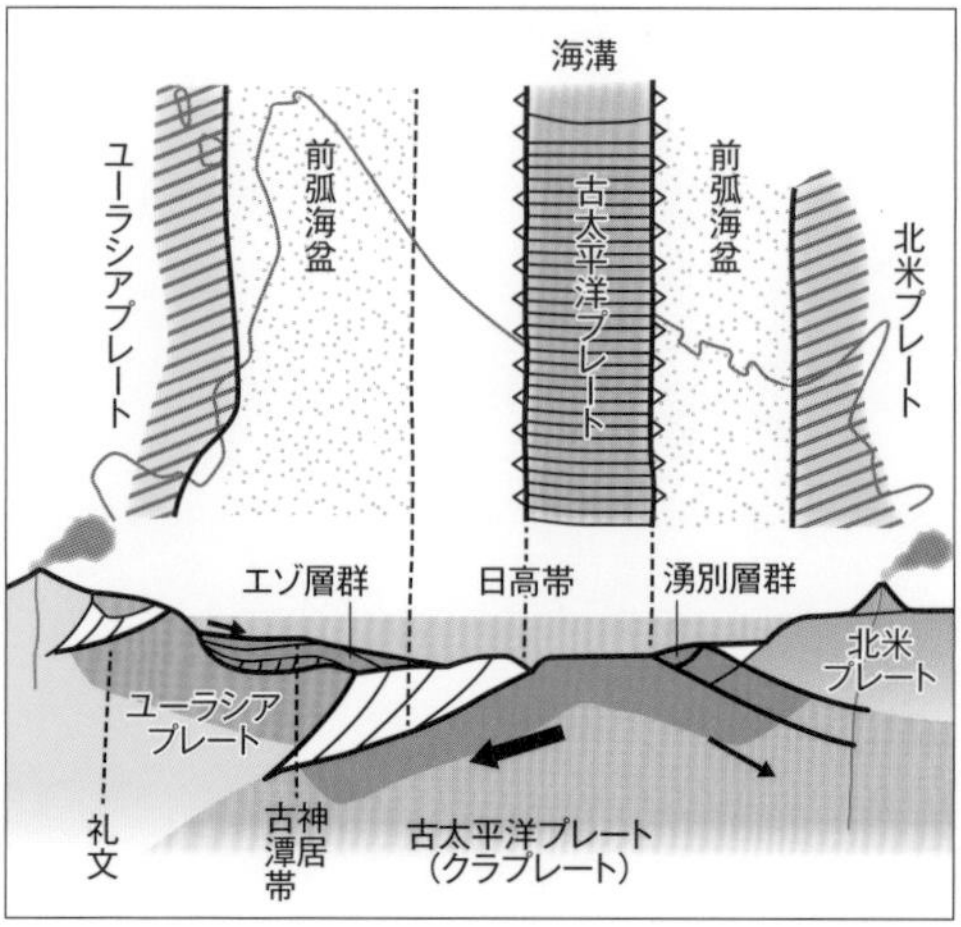

白亜紀後期（約9000万年前）の北海道中央部付近の陸と海、および東西断面（松井ほか、1984）ここでは、（古）太平洋プレート（クラプレート）が、ユーラシアプレートの下に沈み込んでいき、ユーラシアプレート側に日高帯の地層が付加されている様子を示している。日高帯の地層はこの付加体ならびにその東方の海底堆積物からなる。神居古潭帯をなす蛇紋岩、変成岩類は、すでに形成されていた。また、前弧海盆では蝦夷層群が堆積していた。

図3-4　9000万年前の北海道
中央部には狭くなったクラプレートが潜り込んでいる

できました（図３－４）。

図３－４は図３－３よりも前、九〇〇〇万年前の北海道の地質断面と平面図を示したものです。クラプレート（古太平洋プレート）の領域が狭められ、東から北米プレート（オホーツクプレート）が迫ってきているのが分かります。

図３－３を再度ご覧ください。図の中央の(b)に二五〇〇万年前の陸地の配置が出ています。クラプレートは消滅し、オホーツクプレートがユーラシアプレートと接し始めています。両者の間には狭い海が残っていますが、この部分が後に隆起して日高山脈や北見山地に転化します（図３－５）。

その後、一三〇〇万年前にはオホーツクプレートの東半分、つまり千島列島に続く知床半島や白糠丘陵が北西方向から移動してきて、揉み込むようにして北海道西部の陸塊に衝突しました。その結果、オホーツクプレートは西のユーラシアプレートの上に乗り上げ、日高山脈の上昇が始まります。その際、オホーツクプレートはいったんマントルの深さまで潜り込んだため、地下にあった深成岩や変成岩が押し出され、日高山脈に露出しました。またもっと深い地下からはマントル物質が地表にまで押し出されました。これがアポイ岳を構成する橄欖岩です。アポイ岳はこの「新鮮な橄欖岩」に加え、橄欖岩地特有の植物や昆虫などが分布す

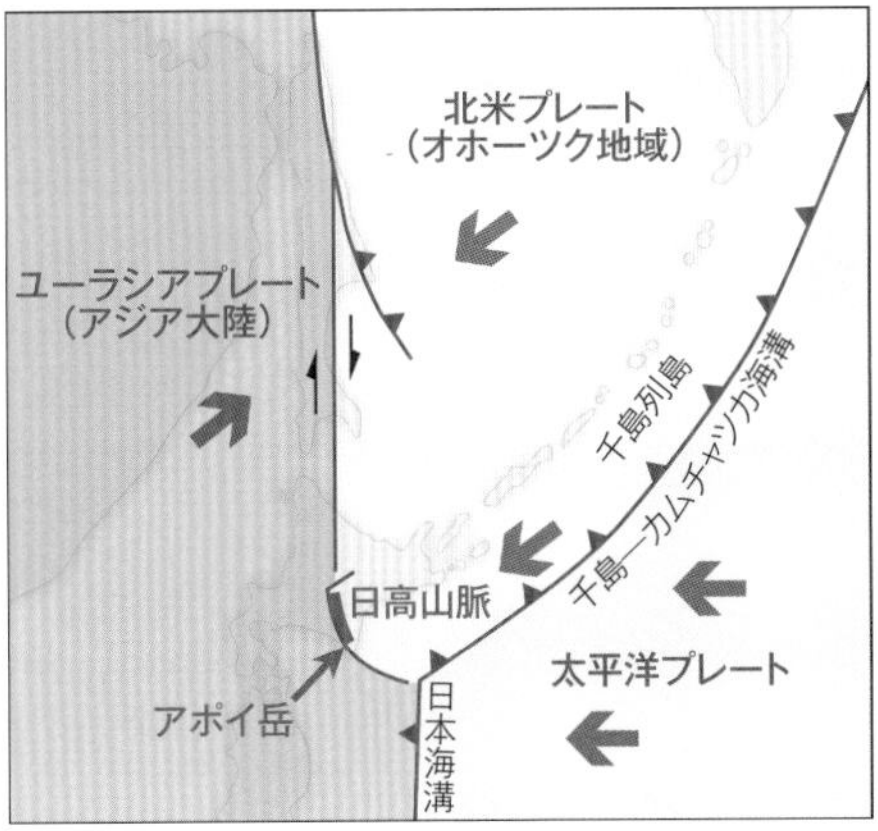

図3-5　千島弧の衝突とアポイ岳の形成

るため、見学者が多く、現在、世界ジオパークに指定されています。

なおクラプレートが消滅し、北海道が一つの島になったことに伴って、日高山脈付近にあったプレート境界は消滅し、日本海の中央部にジャンプしたと考えられています。

4. 北アルプスの隆起の年代

三〇〇万年ほど前、それまで起伏の小さかった日本列島が隆起を始めました。その中で北アルプス（飛騨山脈）は他の山地に比べて一足早く隆起したと推定されています。

その隆起した年代に関しては、近年、いくつかの見解が出ています。竹内（一九八八）は、日本海の大和海盆東部での堆積速度の増加と、北部フォッサマグナへ飛騨山脈から流入した礫の堆積年代などから、飛騨山脈の隆起が三〇〇万前〜一四〇万年前に起こった可能性を指摘しました。森山（一九九〇）は、隆起した山地から浸食によって運び出された堆積物の調査から、飛騨山脈の隆起は三〇〇万〜四〇〇万年前に始まり、百数十万年前まで続いたものの、その後は穏やかになったと考えています。森山はさらに赤石山脈の隆起は二〇〇万年前、木曽山脈の隆起は五〇〇万年前に始まり、現在まで継続していると述べました。一方、原山・山本（二〇〇三）は、二〇〇万年前、地下にマグマが貫入したことで北アルプスは大きく隆起し、いったん休んだ後、一〇〇万年前から再度小隆起を始めたと考えています。このように、推定値に若干のずれはありますが、同じ日本アルプスでも、北アルプスと他の二つの山脈の隆起の年代には大きな差があることがわかります。このことは日本アルプスの三つの山脈の隆起の原因が異なる可能性を示唆しています。

池田（一九九〇）は、飛騨山脈の地下に軽い岩石が大量にあり、これは地殻下部への花崗岩質マグマの付加と固結によって生じたものだろうと考えました。その上で飛騨山脈はすでにテクトニックな隆起を終えた山脈で、現在隆起が見られるとすれば、それは浸食によって荷重が取り去られたことによって生じたアイソスタティックな隆起（周囲より密度の低い岩石が隆起すること）だろうとしています。このことから考えると、飛騨山脈は東日本を載せる北アメリカプレートとユーラシアプレートの衝突で生まれた、小規模な衝突型山脈である可能性が出てきます。現在二つのプレートはただ接しているだけで、その間にほとんど動きはありませんから、北アルプスは落ち着いているのかもしれません。

一方、池田によれば、赤石、木曽の二山脈は現在まだ隆起中ですが、両者は楔が地下から押し出されてきたような形の山脈ですので、池田は両者が東西方向の圧力によって短縮しており、隆起の原動力は逆断層（両側からの圧縮による断層）だろうと考えています。ただ両者の形成過程には違いがあり、木曽山脈が両側を逆断層に限られ、楔が抜け出るような形で隆起したのに対し、赤石山脈は東側だけが逆断層で、東側が隆起し、西に傾くようにして山脈ができたといいます。

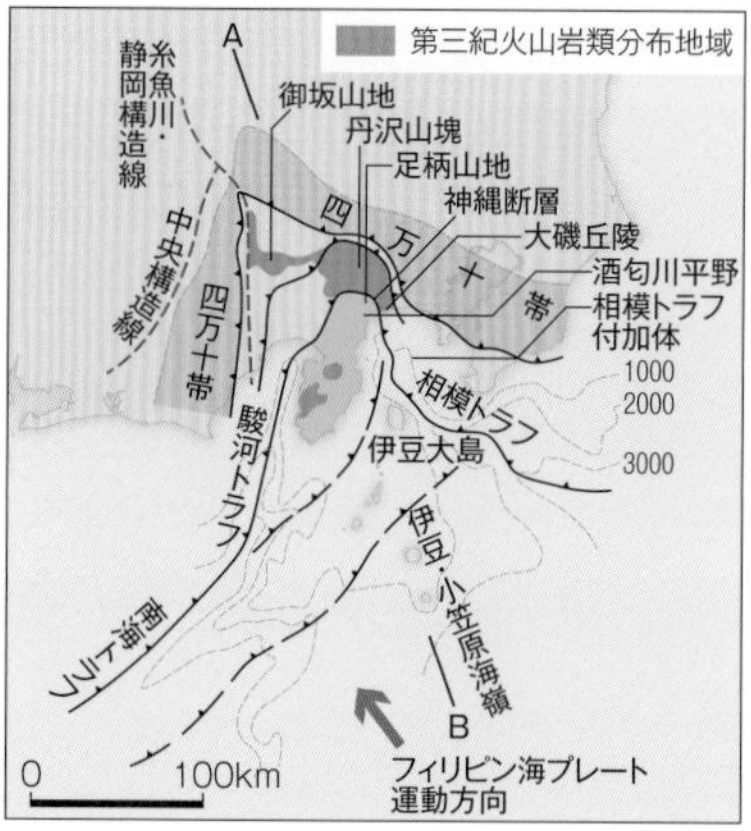

図3-6
伊豆半島の衝突と四万十帯の折れ曲がり
緑は伊豆半島を示す

5.伊豆半島の衝突と六甲変動

一方、六甲山を始めとする近畿地方の山脈の配置や隆起の時期を調べた藤田（一九八五）は、六甲山などの隆起がたかだかここ五〇万年ほどの間に起こったことを明らかにしました。また同じころに中部地方の赤石山脈・木曽山脈から近畿地方の鈴鹿山脈、生駒山地、六甲山地までが隆起してきたとし、これらの山脈の隆起は日本列島を東西に圧縮する力によって起こったと考えました。横からの圧縮力によって逆断層が生じ、楔形に飛び出した部分が山脈になり、隆起からとり残された部分が盆地になったというわけです。藤田や池辺展生はこの時期の造山活動を「六甲変動」と呼びました。このようにわが国ではここ五〇万年前あるいは一〇〇万年ほど前から地殻変動が活発化してきており、このころから日本列島に何か起こっていることが確実です。藤田はこの原因を伊豆・小笠原弧の本州弧への衝突に求めました（図３－６）。

近年の研究で日本列島の山脈の隆起には、おそらく次の二つの要因がきいているのであろうと考えられるようになってきました。一つはここ数百万年の間に強まってきた大陸からの押し出しの圧力です。そしてもう一つは本州弧への伊豆・小笠原弧の衝突です。

大陸からの圧力の存在は一九九五年の兵庫県南部地震の際にも、一部の研究者によって指摘されましたが、三〇〇万年ほど前から強まってきたと推定されています。インド亜大陸の衝突の影響で中国大陸と朝鮮半島そのものが東に押されて西日本に圧力をかけ、ロシアの沿海州は日本海を東に押して東北日本に圧力をかけています。つまり日本列島は太平洋プレートやフィリピン海プレートからだけでなく、大陸側からも強い圧縮力を受けるようになったわけです。

一方、伊豆・小笠原弧の陸塊の衝突は、過去に何回も起こってきたことが明らかになっています。伊豆半島の衝突は現在まさに進行中で、衝突に伴うさまざまの現象を実地に観察することができます。この衝突は一〇〇万年前に始まったと考えられています。また前の章で述べたように、六〇〇万年前には丹沢山地が衝突し、一部はユーラシアプレートの下に潜り込んだものの、上部は陸の塊として残り、本州に合体して現在の丹沢山地になりました。一〇〇〇万年前には御坂山地が衝突し、さらにその前の一二〇〇万年ほど前には巨摩《こま》山地が衝突したと考えられています。今後も数百万年のうちには伊豆諸島が次々とぶつかってくるはずです。

伊豆・小笠原弧の衝突は、五〇〇万年前には逆L字形に折れ曲がっていた本州弧の中央部を北に押し戻して現在の島弧の形に近づけたほか、西日本の山脈の隆起に関与したことも間違いないと考えられています（図2－27参照）。藤田らの主張する「六甲変動」も伊豆半島の衝突によって引き起こされたと考えていいでしょう。

6.第四紀地殻変動と山脈の隆起

一九五〇年代から現在進行中の地殻変動、たとえば段丘面の隆起や大地震に伴う半島先端部の隆起、断層による地形変位などの調査が進み、わが国ではヨーロッパなどと違って、現在でも地殻変動がきわめて活発であることがはっきりしてきました。また二〇一一年三月一一日に発生した東北地方太平洋沖地震の際は、三陸海岸を始めとする東北地方の太平洋沿岸部や茨城県などの海岸部が一～二mも沈降し、さらに海側に最大で五

mも滑るという、今まで体験したことのない現象も見られました。

また地殻変動については明治以来の測量の成果も現れ、山地地域の隆起は最大で年に二〜四㎜に達することも分かってきました。この速度は肉眼では感知することはできませんが、一〇〇万年経過すると二〇〇〇〜四〇〇〇mの山脈ができるという速度です。年に数㎜というのは爪が伸びるのより遅い速度ですが、これが日本列島では地殻変動が激しいといわれることの正体なのです。測量では水平方向のずれも検出され、東日本大地震の前は東日本では東西方向のひずみが卓越していたのに、南関東より西では北西－南東方向のひずみが集積していたということが分かってきました。これはこの方向に日本列島が圧力を受け、縮んでいたことを意味しています。しかし二〇一一年の東日本大地震の発生によって、東日本に生じていたひずみは一気に解消された形です。

瞬間的に現れる地殻変動に地震断層があります。神戸付近に大きな被害を出した兵庫県南部地震の際にも、淡路島で顕著な地震断層（野島断層）が出現し、地震の原因は地下での断層の発生であるということも明らかになりました。断層面が地表面に現れると地震断層になるわけです。

地震は断層が活動するたびに同じところにくりかえし発生します。過去に活動し、今後も活動する恐れのある断層を「活断層」と呼びます。その全国的な分布も図に示され、個々の活断層の活動周期については、地震予知や原発の安全性とのからみもあって社会的な関心を呼ぶまでになってきました。

上のような新しい時代の地殻変動は、最新の地質時代の名前「第四紀」をとって「第四紀地殻変動」と呼んでいます。第四紀地殻変動を研究する分野は変動地形学とかネオテクトニクスといい、わが国の地質学や地形学の学界では研究の非常に活発な分野となっています。神戸や新潟県山古志村、熊本、さらには東日本の太平洋側を襲った地震被害の凄まじさはこの分野の研究をさらに加速することになりました。

7.日本の火山はどうしてできるか

山には造山運動でできる山脈のほかに、火山があります。わが国には火山がきわめて多く、世界の火山の一割程度を占めるともいわれています。日本と世界の火山がどこに分布し、なぜそのような分布をとるようになったかをプレートテクトニクスの立場から検討してみましょう。

理科年表には日本の主な火山として全部で一四四の火山が掲載されていますが、実際には二六〇を超える火山があるといいます。そのうち八六はここ二〇〇〇年間に噴火した履歴のある活火山です。研究が進むにつれてこの数は増える傾向にあります。火山は北海道と東北、中部、九州に集中し、それ以外のところはないかきわめて少なくなっています。

いわゆる日本百名山もほぼ半数の四九座が火山で、わが国の名山中に火山の占める役割の大きいことに驚かされます。槍穂高や劔岳、白馬岳など日本アルプスの高山と飯豊・朝日連峰、早池峰山、四国の石鎚山、剣山辺りを除けば、残りのほとんどが火山だといってよいほどです。火山は危険なもので災害も起こしますが、噴火が終了すれば、後に優れた景観や火山地形、温泉、湖、滝、火山特有の植生などを残してくれます。その点はありがたいものでもあります。

国立公園もその大半に火山があります。日本の有名な国立公園には圧倒的に火山が多くなっています。大雪山、阿寒、支笏洞爺、十和田八幡平、磐梯朝日、日光、尾瀬、上信越高原、妙高戸隠連山、富士箱根伊豆、白山、大山隠岐、瀬戸内海、阿蘇くじゅう、霧島錦江湾、……。こう見てくると火山のない国立公園をあげる方が難しいほどです。全部で三四か所の国立公園のうち、火山がないのは次の九か所にすぎません。釧路湿原、三陸復興、秩父多摩甲斐、南アルプス、伊勢志摩、吉野熊野、足摺宇和海、西《いり》表《おもて》、奄美。このように火山のない国立公園はすべて太平洋側にあることが分かります。

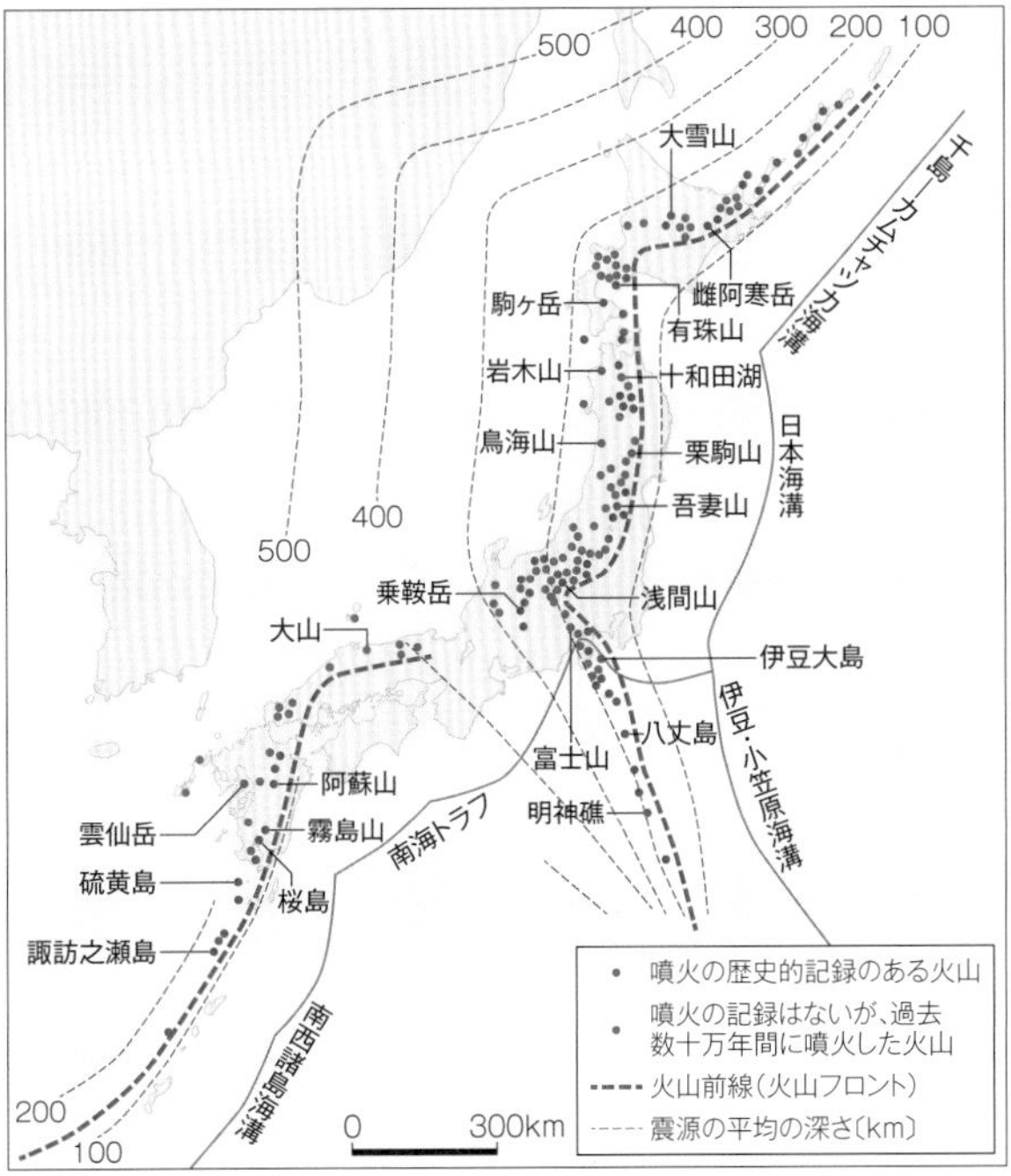

図3-7　日本列島の火山分布と火山フロント

実際のわが国の火山の分布を示したのが、図3－7です。原図は地質学者の杉村新が作成したもので、火山の分布は日本海側に偏り、分布する地域と分布しない地域との境は一本の線で表すことができるほど明瞭です。杉村はこの境目を火山フロント（火山前線）と呼び、この線が日本海溝、伊豆・小笠原海溝と、南海トラフ、琉球海溝に平行して走ることから、火山はプレートの潜り込みに関連して発生するのだろうと考えました。

その後の火山の発生に関してはさまざまの仮説が提示されましたが、現時点では、沈み込んだプレートが深さ一〇〇㎞くらいのところで、絞り出された水が岩盤を溶かしてマグマを生じ、それが地殻の割れ目を伝わって地上に出ると火山ができると考えられています。日本の火山は二つのプレートの沈み込みで生じているので、杉村は全体を東日本火山帯と西日本火山帯にまとめています。

かつて日本列島の地図には、那須火山帯とか鳥海火山帯、乗鞍火山帯とかいった火山帯がいくつも表示されていましたが、特別意味が認められないということで現在では使われなくなりました。しかし最近ではまた復活の兆しが見られます。たとえば東北地方の場合、奥羽山脈や出羽山地に載るように火山が分布していますが、それはプレートの沈み込みに伴って地下一〇〇㎞付近と、一七〇㎞付近の二か所でマグマができるためだと考えられるようになり、かつての鳥海火山帯と那須火山帯は意味があるのだと考えられるようになってきました。

東北地方では、山脈をつくる褶曲の軸（背斜）の上に火山が噴出することが多く、そのため、高山はほとんどが火山だということになっています。これは背斜の部分は地層が曲げられて引き伸ばされるために割れ目ができやすく、そこに火山が噴出するのだろうと考えられています。岩手山、栗駒山、蔵王山、吾妻山、那須岳、月山などはいずれもこのタイプで、基盤の高まりの上に火山が載っています。火山はいわば高い下駄をはかせてもらっているようなものといえるでしょう。

第4章

大陸のかけらの岩石でできた山々

大陸のかけらでできた山々といえば、隠岐帯、飛騨帯の岩石でできた山々ということになりますが、飛騨帯の場合、広い範囲で上に手取川礫岩層が載っています。このため、石川県を流れる手取川沿いや、高山市北西の宮川沿いでは飛騨片麻岩などの飛騨帯の岩石を観察できますが、よく知られた山々はその対象から外れてしまいます。そこでここではもっぱら飛騨帯の花崗岩からなる山々と隠岐帯について取り上げることにします。

1. 剱岳と立山

飛騨帯を代表する山といえば、やはり剱岳と立山でしょう。いずれも花崗岩でできた名峰です。飛騨帯の花崗岩といえば、かつては一億八〇〇〇万年前に貫入してきた船津花崗岩に代表されてきました。しかしすでに紹介したように、飛騨帯の花崗岩の成因については異なった意見が出され、年代も二億五〇〇〇万年前まで遡りそうです。ただ剱岳や立山をつく花崗岩は一億八〇〇〇万年前の毛勝《けかち》岳花崗岩となっていますので、ここではそれを踏襲したいと思います。

図4-1　剱岳

剱岳と立山の花崗岩の起源は同じですが、剱岳が鋭く尖ったピークをつくるのに（図4－1）、立山の方は岩石の風化が進み、山全体が丸みを帯びています（図4－2）。真砂岳という名前のピークがあることからも推定できますが、斜面は中小の礫や砂礫で覆われています。例外は雄山だけです。この違いはなぜ生じたのでしょうか。

原山・山本（二〇〇三）によれば剱岳の場合、七〇〇〇万年前に山頂の北西側にマグマが貫入してきて、すでにあった古い花崗岩を焼き、「剱岳花崗岩」と呼ばれる岩体になりました。また七〇〇〇万年前には、剱岳の東側の剱沢辺りに別のマグマが上昇してきて、再度古い花崗岩を焼きました。つまり剱岳では七〇〇〇万年前、七〇〇〇万年前の二回にわたって、古い花崗岩が焼きを入れられたことになります。それによって風化でゆるんだ岩石の組織が締まって硬くなり、浸食に抵抗して尖ったピークが維持されることになったというわけです。マグマの貫入がなければ、剱岳の雄姿もなく、平凡な山になっていたに違いありません。

一方、立山の真砂岳辺りはそばに新しい花崗岩の貫入

図4-2　立山・真砂岳

がなかったために、古い花崗岩のまま経過してきました。ですから、基盤は風化が進んでいて、表面からは岩片が剝がれ、地表は人頭大から拳大程度の岩屑《がんせつ》が覆っています。これが遠くから見れば砂のように見えるため、真砂岳という名前がつきました（図4－2）。実際に斜面を砂が覆っているわけではありません。

2. 隠岐島・大満寺山

隠岐諸島は島根半島の北五〇～七〇㎞の日本海に浮かぶ島々です。一般には後鳥羽上皇や後醍醐天皇などが流された流人の島として知られており、古い歴史を誇る神社も各地にあります。伝統芸能や闘牛の島としても著名です。しかしここでは日本最古の岩と多彩な火山地質、豪壮な海食地形、それに特異な動植物の分布が見られ、筆者はこれこそが隠岐の誇るべき資産だと考えています。隠岐はすでに世界ジオパークに登録されていますが、その自然の素晴らしさにはただ圧倒されるばかりです。

なお島根半島から見て手前の三つの島を島前《どうぜん》、後ろ側にある大きな丸い島を島後《どうご》と呼んでいます（図4－3）。

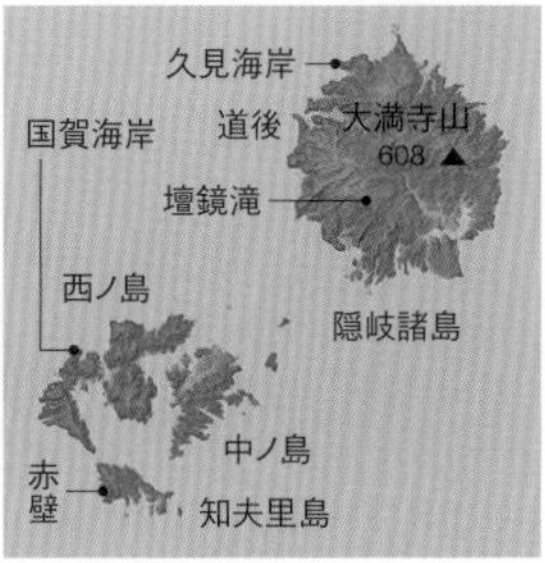

図4-3　隠岐の見どころ

図4-4　隠岐・大満寺山（左奥の山）

島後の島の中央からやや東に寄ったところに大満寺山《だいまんじさん》（六〇八m）という山があります（図4－4）。基盤は飛騨帯と並んで日本最古の岩石である隠岐片麻岩でできています。これは灰色の地に白い筋が縞状に入った岩で、大満寺山の西麓にあるダムの左岸や南麓の沢でみることができます。また沢の中には片麻岩の礫が転がっています。変成作用を受けて片麻岩になったのは二億五〇〇〇万年前とされていますが、内部に含まれている源岩には二〇億年前のものがあります。まさに日本最古の岩石ですから、この岩を見ることだけを目的に隠岐島を訪れる人も少なくないといいます。

この山は植物の分布についても面白いことがいろいろあります。六〇〇mほどの低い山ですから、気候条件からいえば全域が照葉樹林帯に含まれ、南斜面を中心にスダジイやウラジロガシ、ヤブツバキなどの照葉樹が生えています。しかし北斜面や東斜面にはサワグルミやカツラ、イタヤカエデなどのブナ帯の要素が現れ、西斜面では中間温帯林に当たるモミ林が優勢になります。このように、この山では本来なら標高に応じて配列する植生帯が、斜面の向きによって配列するという不思議な分布パターンを示しています（図4－5）。

また山頂の北側には玄武岩が割れてできた岩塊斜面があって風穴《ふうけつ》ができ、そこにはスギの巨木「乳房杉」（図4－6）があるほか、オシダが大群落をつくります。また大満寺山のすぐ北には玄武岩の柱状節理が露出した鷲ヶ峰（五六〇m）という岩峰があり、そこに至る痩せ尾根には、ネズコやゴヨウといった北方系の針葉樹が現れます。また林床にはピンクのきれいな花をつけるオキシャクナゲ（図4－7）やツシマナナ

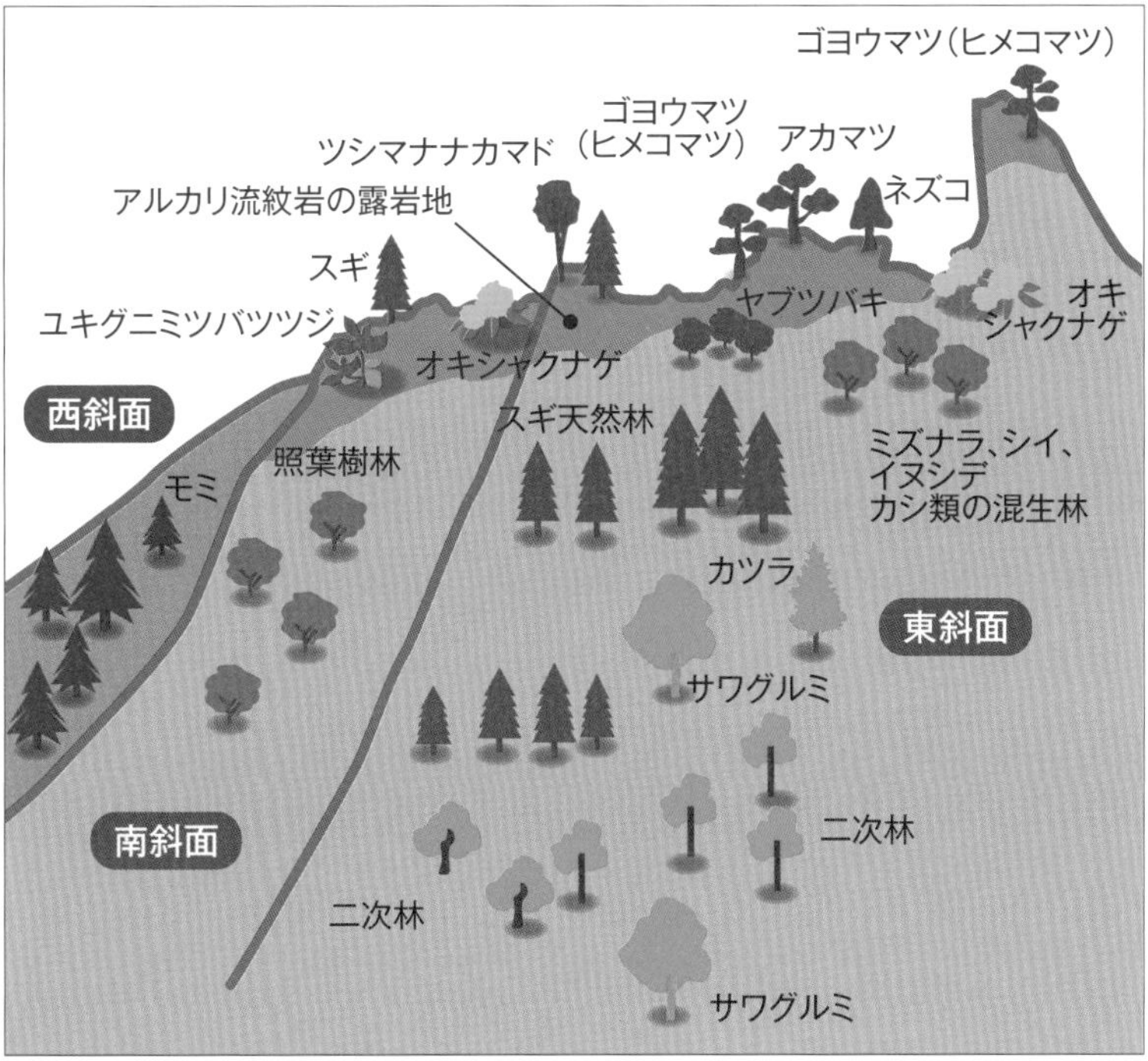

図4-5　大満寺山の植生分布（模式図）

カマドが分布します。ただしここではネズコやゴヨウに加えて照葉樹であるヤブツバキがたくさん混じってきます。さらに鷲ヶ峰の北斜面にはスギの天然林があって巨木が林立し、その林床にはリョウメンシダやジュウモンジシダが稀にみる大群落をつくっています。どうみても常識では説明できない分布です。

　このような奇妙な植物分布を説明するために、私は以下のような仮説を考えました。二万年前の最終氷期の極相期（最も寒冷化した時期）、隠岐は海面の低下で本土と陸続きになり、島根半島から延びる大きな半島になっていました。当時、対馬海峡は狭まり、そこを通って日本海に入る対馬暖流の流入は停止していました。このため、日本海側の積雪は減少し、日本列島の気候は全体に寒冷で乾燥したものとなっていました。この時期に隠岐には北方系の針葉樹やオキシャクナゲ、あるいはミズナラ、カツラ、サワグルミ等のブナ帯の要素

図4-7　オキシャクナゲの花

図4-6　乳房杉

が南下してきたと考えられます。ただ気候は乾燥しすぎ、ブナは生育できなかったとみられます。

氷期が終わると、気温が上がり始め、同時に海面の上昇も始まりました。そのため半島の先端にあった隠岐は、早めに本土から離れてしまい、その結果、北上してきたブナや照葉樹の移住は妨げられました。こうして本来の植生である照葉樹は勢力をそがれ、氷期に移住してきたネズコなどの針葉樹などが岩場などに残り得ることになりました。

なお島後在住の昆虫学者・八幡浩二さんは、島後には昆虫にもレリックが多いことを指摘しています。彼は動植物ともにレリック（残存種。生きた化石のような生物）の多い理由として、大満寺山には霧がかかりやすく、水分が蒸発して気化熱を奪うため、山全体が冷えて氷期のレリックの存続を可能にしているのではないかと考えています。

第5章 五億年前の日本列島誕生のころの地質からなる山々

この章で扱うのは、早池峰山と大江山です。もともと海洋底の地殻を形成していたオフィオライトに起源する山で、主に橄欖岩でできています。

1. マントル起源の橄欖岩からなる早池峰山

早池峰山（一九一七m）は北上高地の最高峰です。北海道のアポイ岳や尾瀬の至仏山、四国の東赤石山などと並び、日本有数の橄欖岩（蛇紋岩）岩体からなることで知られています。

橄欖岩というのは、岩石の中でもかなり特殊な火成岩の仲間です。火成岩の名前としては、安山岩、玄武岩、流紋岩、花崗岩くらいしか聞いたことのない人がほとんどだと思います。しかし火成岩の種類は珪酸（二酸化珪素 SiO_2）の含有量の多さで決まっていますので、上にあげた四つの岩石以外にもいろいろな火成岩があります。

珪酸とは白い色をした石英を代表とする鉱物です。珪酸が七〇％以上を占めるのは流紋岩と花崗岩で、岩全体が白く見えます。珪酸分が減少するにつれて岩石名はデイサイト、安山岩、玄武岩と変化していきます。そして白い鉱物に代わって、角閃石、輝石などといった有色鉱物が増えるため、岩石は次第に黒みを増します。安山岩は灰色、富士山や伊豆大島で見られる玄武岩はほとんど真っ黒に見えます。

橄欖岩は地下のマントルを構成していた物質がそのまま出てきたもので、珪酸の含有率は四五％以下と少なく、黄緑色の橄欖石や黒い輝石といった有色鉱物が七〇％以上を占めます。

また橄欖岩はマグネシウムの含有率が三〇～四五％に達し、鉄、クロム、ニッケル、コバルトも含みます。しかしカルシウムやリン、カリウムが乏しいという特色をもっています。橄欖岩が地中を通過中に蛇紋岩化作用を受け、鉱物中に水を取り込んで変質したものが蛇紋岩です。

早池峰山は地質に特色があるばかりでなく、エーデルワイスの仲間であるハヤチネウスユキソウ（図５－１、早池峰山の固有種）を始め、カトウハコベやナンブイヌナズナなど蛇紋岩植物の宝庫でもあり、たくさんの植物愛好家を魅了する「花の名山」でもあります。

早池峰山の橄欖岩の岩体は、どのようにして誕生したのでしょうか。およそ五億年前のカンブリア紀にゴンドワナ超大陸が分裂を始め、南中国大陸と北米大陸との間に亀裂が入って太平洋の基になった大洋ができ始めました。これに伴って、新しい海洋底が拡大し始めたのですが、その結果、古太平洋の海洋底は逆に縮まることになり、押された海洋地殻に断裂が生じました。この断裂は海溝に発展し、海洋プレートが沈み込みを始めたのですが、古太平洋の海洋底の一部は、海溝から沈み込まずに大陸側に載る形で取

図5-1　ハヤチネウスユキソウ

り残されました。つまり海洋地殻を構成する岩体がそのまま陸地の一部になったのです。この岩体は橄欖岩を中心とし、それに玄武岩などの火成岩が載ったもので、全体が一つのセットになっています。このセットをオフィオライトと呼びます。したがってオフィオライトは玄武岩や花崗岩のような岩石名ではありません。

早池峰山の橄欖岩の岩体はこのようにして誕生したのですが、もともと古太平洋の海洋底の一部だったので、五・八億前～五・二億年前というきわめて古い年代を示します。この岩体はその後、衝上《しょうじょう》断層という、他の岩体の上に押しかぶさるような形に生じた断層によって、既存の岩体の上に載りました。そして岩が硬いために浸食に抵抗し、その間、周囲の山々が浸食によって低下した結果、橄欖岩の岩体は削り残されて残丘（モナドノックともいいます）となりました。それによって相対的な高度が増し、北上高地の最高峰となったわけです。したがって現在ではマントルとのつながりはなくなっています。

登山口の小田越付近から山頂部を見上げると、低い方は森林に覆われていますが、その先は、急に突兀《とっこつ》とした橄欖岩の岩山に変化します。

山の斜面上部には、最終氷期に形成されたとみられる岩塊斜面が発達し、凹凸の少ない斜面を形成することが知られています。小田越から登っていくと、最初なだらかだった登山道が次第に傾斜を増してきますが、一四〇〇m付近にある一合目まで登ると、突然、森林が切れてハイマツやコメツガの低木林に変化します。そこが森林限界に当たります。周囲を見回すと、ハイマツやコメツガに隠れるように、直径二、三mもあるような大きな黄褐色の岩の塊が見えます。これが橄欖岩の岩塊で、岩塊が累々と堆積した斜面を岩塊斜面と呼んでいます。

一合目に立って上の方を見ると、切り立った岩盤が見えますが、これが橄欖岩の岩体がつくる壁で、岩盤の上が二合目に当たります（図5－2）。二万年前の最終氷期のピークにあたる寒冷期には、北上高地は永久凍土のできるような寒冷な気候下にあり、橄欖岩の硬い岩盤が凍結破砕作用（岩の隙間に入った水が冬場、凍結することによって岩石を割ってしまう働き）によって岩盤が大きく割れ、大きな岩塊をつくり出しました。岩塊は永久凍土の上をゆっくり滑ることによって現在の位置まで移動し、落ち着きました。それが現在見ることのできる岩塊斜面です。

清水長正（一九九四）によれば、小田越からのコースでは、岩塊斜面の末端は、海抜一三九六m付近まで低下しており、そこはオオシラビソやコメツガなどからなる亜高山針葉樹林と、ハイマツやコメツガからなる低木林の境界、つまり森林限界に一致しています。地質と地形の違いが、成立する植生を変化させたということです。

図5-2　一合目の岩塊斜面と二合目の橄欖岩の壁（奥）

森林限界の低下の原因は、植物にとって有害な成分を含む橄欖岩の岩塊斜面にあると考えられており、森林限界は気候的に推定される高度よりおよそ七〇〇mも低下しています。このため高山帯の領域が広がり、普通の山よりはるかに低い標高で高山植物に出合うことができます。以下では地質と植物の分布に注目して登ることにします。

小田越からの登山道は最初、高さ六～八mくらいのオオシラビソやコメツガの森の中をたどります。登山道には拳大から二〇cmくらいの礫がごろごろしていますが、転がっているのは砂岩の礫で、ときどき真っ白な大理石の塊に出合います。地質図によれば、この地質は小田越層という古生代石炭紀（三億五八九〇万前～二億九八九〇万年前）の地層で、砂岩や大理石はその地層が割れてできたものです。

先に述べたように、一三九六m付近で突然、大きな岩塊が累々と堆積した岩塊斜面に移行します。移行部には高さ二mくらいの段差ができていて、そこにダケカンバが生えています。

ここから上では、植物は低木化したコメツガとハイマツが優占するようになりますが、斜面には岩塊がそのまま顔を出しています。ハイマツやコメツガは岩塊の隙間で発芽し、岩塊を覆う程度の高さにまで成長しますが、それより高くなると、強風の害を受けるので横に這うようになりました。登山道沿いにはマルバシモツケやハクサンシャクナゲ、ミネザクラ、コメツツジなどの低木と、ナンブトウウチソウやカトウハコベ、ホソバツメクサ、ミヤマアケボノソウなどさまざまな種類の草本を見ることができます。

ところで一合目から上は橄欖岩地に変化しますが、よく見ると岩塊斜面が卓越するところと、基盤が露出して険しい崖をつくるところが交互に現れることが分かります。一合目からしばらくは岩塊斜面、二合目付近は基盤、三・四合目付近は岩塊斜面、五合目の直下が基盤といった具合で、全体が階段状になっています。基盤岩の部分では植物は岩の隙間に生育することができるだけですから、植被の割合は減少します。

ところで一合目と二合目の間ではハヤチネウスユキソウはほとんど見られません。しかし二合目の岩場を越え、三合目付近の岩塊斜面になると、少しずつ出てきます。どうやら大きな岩塊の累積した斜面よりも、径三〇㎝程度の小ぶりな岩塊からなる斜面や、もっと細かい礫の載った斜面を好むようです。ハヤチネウスユキソウはそうした場所にイネ科の草本やミヤマオダマキと一緒に生えています。

四合目辺りでは人頭大程度の礫の集まった場所が増えてきて、そこにイネ科草本とハヤチネウスユキソウやミヤマオダマキ、ナンブトウウチソウ、カトウハコベなどが草原をつくります。風食を受けて荒れた感じのするところもありますので、風が強く当たる

図5-3　五合目付近から上に広がる「ハイマツの海」　左手奥の岩のあるところが五合目

ことが草原の分布に影響しているようです。

早池峰山の植生は五合目で大きく変化します。五合目の下は基盤からなる顕著な崖になっているのですが、そこを越えると眼前には突然、なだらかなスムーズな地形が広がります。ほとんどがハイマツに覆われた広々とした斜面で、それが六合目付近まで続きます（図5－3）。ハイマツ低木林は「ハイマツの海」と呼んでもいいほどの広がりを見せています。

登山道沿いなどでハイマツ群落の下をのぞいてみますと、人頭大から径四〇㎝くらいの角礫がびっしりと堆積しています。ところによってはその隙間を細かい礫が充填しています。これも橄欖岩地と同様、氷期に基盤岩が凍結破砕作用によって割れてできた礫斜面であることは間違いありません。ただ粒径が極端に異なるので、地質が変化したのだろうと推測できます。

早池峰山といえば、橄欖岩（蛇紋岩）の山というのが合言葉のようなものですから、これまで私は、山体の上部はすべて橄欖岩（蛇紋岩）からなると単純に考えていました。しかしよく見たら、中腹にそうでない部分があったわけです。一合目から五合目までの斜面を覆っていたのは粗大な橄欖岩の岩塊です。しかし五合目から上、七合目までの斜面に載っているのは、灰色や青灰《せいかい》色の礫、もしくは表面が白く風化した礫です。したがって、当初、私は橄欖岩の岩体に載ったまま持ち上げられた小田越層の砂岩ではないかと考えました。しかし産業技術総合研究所地質調査総合センター（元の地質調査所）発行の地質図を見ますと、岩質は、斑糲《はんれい》岩～閃緑岩、ドレライト（粗粒玄武岩）および玄武岩となっており、玄武岩質の火成岩であることが分かります。砂岩などと同じような割れ方をするのですが、堆積岩ではなく火成岩だったことになります。実はこの斑糲岩や玄武岩こそオフィオライトを構成する岩体のセットの上部に当たっていたわけです。これで五合目から七合目までの斜面を人頭大程度の岩屑が覆っている謎が解けました。

　礫地を覆うハイマツ低木林の樹高は二〇cmから四〇cmくらいしかなく、これは冬の積雪深にほぼ一致していると考えられます。おそらくハイマツはお互いに支え合って強風の害から免れているのでしょう。ただハイマツがびっしりと覆っているため、他の植物は分布が限られています。

　しかしハイマツの林床の礫地には、氷期に礫が斜面上を移動したときにつくった、舌状の押し出しや高まりがあり、それが斜面に比高数十cmのわずかな凹凸をつくり出しています。このうち出っ張った部分には風が強く当たるため、そこではハイマツの生育が困難になり、代わりにイワウメやクロマメノキ、イワスゲ、サマニヨモギ、ミヤマキンバイなどが帯状に生育して、草原（正確には風衝矮生低木《ふうしょうわいせいていぼく》群落。風衝矮生は強風下で生育したため小型化したこと）をつくっています。

風がさらに強く当たる場所では礫が広く露出し、植被率が下がりますが、そこにはイネ科草本とハヤチネウスユキソウやミヤマオダマキが多数分布します。

七合目付近に至ると、地形はほとんどが上部の崖から落下してきた岩屑が堆積してできる崖錐《がいすい》になります。そうした不安定な状態を反映してか、ここではハイマツはわずかになって地表はもっぱら草原が覆います。ここではハヤチネウスユキソウやミヤマオダマキに加え、ミヤマアズマギク、ナンブトラノオ、ナンブトウウチソウ、サマニヨモギ、キバナノコマノツメ、イワベンケイ、イワウメ、ミヤマキンバイなどさまざまな植物が加わって、全体がきれいなお花畑の様相を呈します。

こうして見てくると、早池峰山は蛇紋岩植物の代表的な分布地とされていますが、そのコアになっているお花畑は、実は橄欖岩（蛇紋岩）地ではなく、オフィオライトの上部に当たる玄武岩質の岩が砕けた礫斜面にあることが分かります。七合目の上部には再度橄欖岩の岩盤が現れて崖をつくっていますので、そこから落下してきた橄欖岩や蛇紋岩の礫が礫斜面に混じり、影響を与えていることは確かなのですが、本当は蛇紋岩植物といっても、橄欖岩の岩だけのところはあまり好きではないのかもしれません。

ここがお花畑になったもう一つの理由として、橄欖岩の岩塊斜面ではハイマツとコメツガの低木が優占し、また五合目より上の礫斜面ではハイマツが優占するため、草本が分布できる草原は七合目付近の風の強いところに限られ、それが蛇紋岩植物の集中的な分布をもたらした可能性があります。

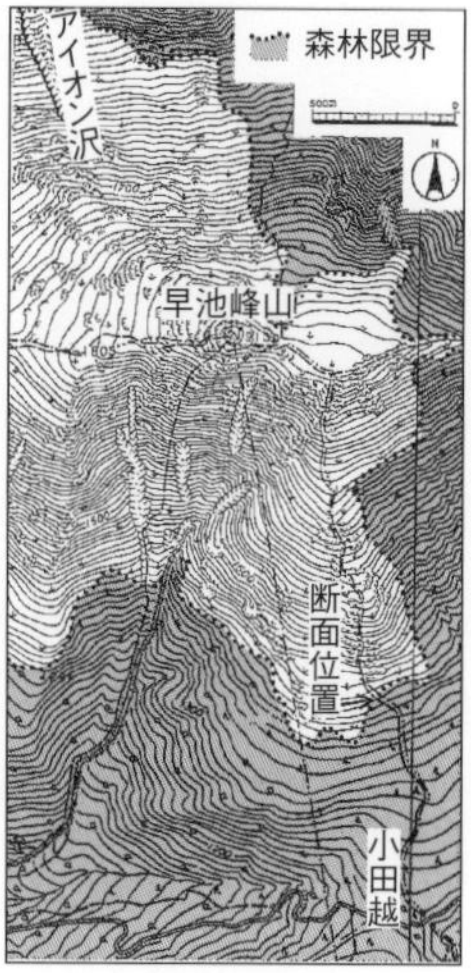

図5-4　早池峰山の森林限界線（清水1994）灰色に塗った部分が森林の分布地域

なおこの辺りから登山道の東側の浅い谷を覗《のぞ》き込むと、森林が谷筋に沿って上昇してきているのが分かります。清水の作成した図５－４にもそれが表現されており、海抜一七〇〇ｍくらいまで亜高山針葉樹林が分布します。これは地質が橄欖岩でないことが原因だと思われますが、現地へ行けないので、正確なことは分かりません。

七合目の上部は橄欖岩の崖になっており、長い梯子のかかる岩場が続きます。岩場を下から見上げると、表面の岩盤がタマネギの鱗片葉《りんぺんよう》のように剝離して、その下の岩盤が露出しているのが見えます。崖を越えると八合目の肩に出、地形は急に平坦になります。ここにも橄欖岩が露出していて凹凸のある地形が続きます。

その先にはもう頂上に続く稜線（九合目）が望め、橄欖岩のつくる崖のあるのが分かります。しかしその手前には小規模ですが、五合目から上を見たときと同じ、ハイマツに覆われたスムーズな斜面が広がっています。実はここにも五、六合目と同じ火成岩の礫が斜面をつくっています。

九合目で主稜線に出ます。稜線上は広くなだらかで、雪が吹き溜まるところには湿性の植物群落ができています。

一方、稜線の北側は南側より若干なだらかな斜面になっています。こちらは山頂のすぐ近くまで亜高山針葉樹林が上昇してきています。ここは五、六合目と同じ火成岩でできているようです。こちら側の斜面には、ほかでは北海道にしか分布しないアカエゾマツの生育していることが確認されています。

2. 大江山の地形・地質と森林

次に取り上げるのは大江山です。大江山は京都府の日本海に面した都市・宮津市の南西にある山で、いくつかのピークからなる山並みの総称です。最高峰は千丈ヶ嶽（八三三m）で、丹後地方の最高峰となっています。大江山一帯は二〇〇七年、天橋立とともに「丹後天橋立大江山国定公園」に指定されました。

小倉百人一首の「大江山いく野の道の遠ければ、まだふみも見ず天橋立」の和歌と、酒呑《しゅてん》童子で知られる山ですが、標高はけっして高くありません。日本海側には大きな湾は少なく、富山湾と若狭湾くらいしかありませんが、そのうちの若狭湾の西の外れにあるのが丹後半島で、その付け根に日本三景の一つ天橋立と宮津市があり、ほかに伊根港や丹後一宮の籠《この》神社（元伊勢神社）などの観光地があります。大江山はそこから南南西に向かって一〇数キロ内陸に入ったところに位置します。

大江山が近づくと、路傍に酒呑童子や赤や青の鬼の人形がいくつも目につきます。本来悪役である酒呑童子や鬼がここでは観光の主役であることがよく分かります。酒呑童子の童子は本来子供のことを指しましたが、その後、子供のような髪形をした大人のことも童子というようになりました。酒呑童子はもちろん大人です（大童《おおわらわ》という言葉もあります）。

山麓の銅鉱山跡には、「日本の鬼の交流博物館」があり、数多くの鬼の面などが展示されています。

ところで大江山は近年、地質学の分野で、オフィオライトだということで注目されるようになりました。オフィオライトについてはすでに早池峰山のところで触れましたが、海洋性の地殻が陸地に押し上げられたもので、橄欖岩質の特殊な地質からなり、珍しいものです。年代は早池峰山とほぼ同じ約五億年前です。

私たちが訪ねたのもオフィオライトの橄欖岩とそれに関わる植生を見るためです。地元の方々にガイドをお願いしたところ、まず北側の前山に当たる杉山という山から見ることになりました。林道沿いには橄欖岩の硬くしっかりした岩盤が露出し、縦方向に入った幅数cmから一〇cm余りもある大きな節理（岩石に生じた方向性のある割れ目のこと）が何本もみえます。橄欖岩は硬く、もともと浸食に対する抵抗性をもっていますが、これに加えて、節理に沿って雨水がどんどん浸透して地下水になってしまうため、浸食が進まず、谷がきわめてできにくいという性質をもっています。このため、山は谷が少なく全体としてお供え餅のようなのっぺりした地形になります。この傾向ははっきりしていて、二万五〇〇〇分の一地形図上でも等高線の間隔が粗く、少し離れて見るとそこが白っぽく見えることから、橄欖岩のおおよその分布範囲を読み取ることができます。なお場所によっては地下を流れる水の音を聞くこともできます（図５－５）。

杉山には名前の通り、スギの巨木が点在しています。スギは自然状態では湿った谷間や湿原の周り、あるいは黒部川扇状地末端の杉沢のように、地下から水が湧き出すような低温で湿っぽい場所に生育することが多いのですが、一方で尾根筋の乾いた岩場のような悪条件の場所でも生育することがあります。杉山の場合も、橄欖岩といういわば植物にとって有害な岩石からなるために、他の樹木が生育できない悪条件の場所にスギだ

図5-5　杉山
橄欖岩からなるなだらかな山で、谷がほとんど入ってこない

けが生育するようになったものでしょう。

この後、私たちは大江山本体の方に移動し、九合目くらいの神社までバスで上がりました。山頂部は歩いて登りましたが、橄欖岩地にしてはどうも様子が変です。ここも地質は橄欖岩のはずなのですが、立派なブナ林があり、深い谷も入っています。植物や地形からみると、どうやら橄欖岩ではなさそうです。そこにあった礫を割ってみると、砂岩のようにみえます。オフィオライトには含まれるものの、橄欖岩ではないために、中庸な土地条件を好むブナ林が成立し、浸食で谷が入ったということのようです。

大江山では古くからさまざまな金属が掘り出されてきました。橄欖岩にはマグネシウムやニッケル、クロム、鉄などの鉱物が含まれており、それが集まって鉱脈の形になると、鉱山として採掘が可能になります。かつてはニッケル鉱山や、銅、クロムの鉱山があり、最後の鉱山は一九七三年まで操業していたそうです。

ところで大江山の鬼退治の話は源頼光《よりみつ》と渡辺綱、坂田金時らによるものが有名で、能の演目にもなっていますが、土蜘蛛などを対象にしたもっと古い鬼退治の話が『古事記』などに出てくるそうです。地元には鉱山などで豊かな地域だった大江山付近の住民の富を、大和朝廷側が力ずくで奪い取ったのに、それを正当化するために大江山付近の住民を鬼に仕立てたのではないか、という説があるそうです。

第6章 五億年前～三億年前の飛驒外縁帯などからなる山々

飛騨帯・隠岐帯に次ぐ五億年前～三億年前の付加体に当たるのは、南部北上帯、上越帯、飛騨外縁帯、蓮華帯、黒瀬川帯といったところですが、このうち蓮華帯や黒瀬川帯にはあまり目立つ山がありません。

1. 飛驒外縁帯

飛騨外縁帯というのは飛驒帯と美濃・丹波帯の境界部に生じた、古生代デボン紀（約四億年前）の地質帯です。飛驒帯の南と東の縁を取り囲むように狭い帯をつくって分布します。これに該当する山としては、北アルプスの白馬岳と雪倉岳、朝日岳をあげることができます。また別に丹後半島や島根半島にも飛び地的な分布域があります。

白馬岳（二九三二m）は北アルプスの最北部を代表する山で、これより北にある高山としては雪倉岳と朝日岳があるだけです。いずれも日本海を越えてくる冬の季節風に対して直面するようにそびえるため、北アルプスの中でも、とくに風が強く、かつ多雪で、吹きさらしと吹き溜まりにより雪渓や残雪ができやすいという特色をもっています（図

図6-1　白馬岳の北にある鉢ヶ岳付近の非対称山稜と残雪

6－1)。

気温が低下した氷期には雪渓は氷河に変化し、カール氷河や谷氷河を形成していました。白馬岳山頂付近の東側は、急な崖になって落ち込んでいますが、その原形は氷河の浸食によるものだろうと考えられています。

白馬岳の大雪渓は現在でも氷期の氷河を彷彿とさせてくれますが、氷期の氷河は大雪渓よりはるかに大規模で、谷全体を満たしており、厚さは数百mに達していました。六万年前の最終氷期前半には、氷河の末端は猿倉より下方の海抜一二〇〇m付近にまで延びていたと推定されています。

大雪渓と小雪渓の間は葱平《ねぶかっぴら》と呼ぶ、急な斜面で、シロウマアサツキなどの高山植物の宝庫になっています。小雪渓を抜けると、氷河がつくったなだらかなカールの中に入り、一面のお花畑が迎えてくれます。ところどころ大きな岩が転がっていますが（図6－2)、これは最終氷期極相期の氷河が運んできて残したものです。

ところで白馬岳の南にある白馬鑓ヶ岳《やりがたけ》や杓子《しゃくし》岳を含めて白馬三山と呼ぶことがありますが、白馬三山から北の朝日岳にかけては地質がきわめて複雑で、極端な言い方をす

図6-2　葱平カール　氷期の氷河が置いていった大きな岩

れば、数mあるいは数十m尾根筋を移動するだけで、地質が変化するほどです。飛驒外縁帯というのは、もともと砂岩や泥岩、石灰岩、蛇紋岩、玄武岩、斑糲岩などがメランジュとなって付加したものだと考えられていますが、その後さらに地殻変動によってもみくちゃにされ、バラバラになりました。加えて一五〇〇万年前の日本海形成期には、白い色をした流紋岩が広く貫入してきて、一帯の地質をさらに複雑にしました（図6－3）。

この一帯の地質の違いは遠目にも分かるほどです。たとえば、蛇紋岩地は植物が乏しく、表面が緑がかった褐色を呈することで、識別できます（図6－4）。実際にその植物を見ても、コバノツメクサ、ウメハタザオ、ミヤマウイキョウ、ミヤマムラサキ、クモマミミナグサなどの蛇紋岩植物が生育しています。

一方、流紋岩地は残雪のように白く輝く斜面をつくり、コマクサとタカネスミレ、ウルップソウくらいしか生育していないので、簡単に識別できます。このように、地質の違いは高山植生の分布にも影響するため、地質の多様性は一帯の植物をきわめて豊かにし、白馬連峰を

図6-3　白馬岳西斜面の地質境界　白い流紋岩地（中央）と植被のついた砂岩・頁岩地（手前）

図6-4　雪倉岳ー鉢ヶ岳の鞍部　中央右の緩斜面が蛇紋岩砂礫地。奥のピークが白馬岳

図6-5　白馬村営小屋と背後の丸山　山小屋の左の黒い岩山が離れ山

大雪山や南アルプスの北岳と並ぶ高山植物の宝庫にしました。

大雪渓を登り、白馬村営小屋に着いたら、稜線に出てみましょう。丈の低い草本に覆われた、なだらかな斜面が広がりますが、ここの地質は細かく砕けた頁岩を主としています。風が強く当たるため、植物の種類はそれまでの残雪の多い斜面とは異なり、ヒゲハリスゲ、イワノガリヤス、オヤマノエンドウ、トウヤクリンドウなど風衝草原の植物に変わったことが分かるでしょう。そこから南側に少し歩いて丸山という小さなピークまで行ってみましょう。

丸山は砂岩でできており、硬いため、小さいピークをつくっています（図6－5　山小屋の奥のピークが丸山）。離れ山はもともと現在の小屋のある場所にあったものが、氷河が消えて支えを失ったために、現在の場所まで滑ったものだと考えられています。

白馬岳の山頂の方を振り返ると、これまでと同じ風衝草原が続いていますが、反対の杓子岳の方はもっぱらコマクサが分布しています。これは地質が砂岩から流紋岩

図6-6　白馬岳から杓子岳（左）と白馬鑓ヶ岳（奥）を望む　白馬鑓ヶ岳のこちら側に向いた黒ずんだ崖が石灰岩地

という細かく割れやすい岩に変わったからです。杓子岳の先には白馬鑓ヶ岳北面の崖が見えますが、この崖は大きな石灰岩の塊でできており、タカネアオヤギソウやタカネシュロソウなど珍しい植物がたくさん分布しています（図6－6）。

一方、白馬岳の山頂付近からすぐ北の三国境《さんごくざかい》付近にかけても、流紋岩が現れる度《たび》にコマクサが生育する砂礫地が出現します。また砂岩や頁岩地域には風衝草原が分布し、蛇紋岩地域にはクモマミミナグサやコバノツメクサが生育していますので、岩の種類と生育する植物の対応を見ながら歩くと、山歩きがずっと楽しくなります。

2. 蓮華帯

蓮華帯というのは、かつて白馬岳を大蓮華山と呼んだことによっています。元々飛騨外縁帯の中の結晶片岩の部分に命名されたようです。糸魚川のヒスイを含む蛇紋岩の岩体などがこれに該当します（図6－7）。

図6-7　糸魚川・橋立ヒスイ峡　白っぽい岩がヒスイ

3. 上越帯

上越帯の山としては、群馬県の北部と越後山脈の山々が含まれます。群馬県の山としては上州武尊山、尾瀬の西にある至仏山《しぶつさん》（二二二八m）、景鶴山《けいづるやま》、平ヶ岳（二一四一m）などが該当します。至仏山（図6－8）は橄欖岩（蛇紋岩）からなる山で、岩塊斜面がよく発達しています。山頂直下の高天ヶ原は珍しい蛇紋岩植物の宝庫となっていて、ホソバヒナウスユキソウやミヤマウイキョウ、タカネシオガマなどが見られます（図6－9）。ここだけは岩が細かく砕けて砂礫地を形成し、そこにさまざまな種類の植物が生育しています。

一方、尾瀬ヶ原の北に位置する燧《ひうち》ヶ岳は五〇〇年前にも噴火した活火山で、山頂部の柴安嵓《しばやすぐら》などにその痕跡が残っています。

尾瀬の北側の奥只見には、会津駒ヶ岳（二一三三m）や会津朝日岳、御神楽《みかぐら》岳などがあり、奥只見から西の新潟県側に入ると、越後駒ヶ岳（二〇〇三m）、中ノ岳、八海山（一七七八m）からなる魚沼三山が現れます。そしてその南には巻機《まきはた》山（一九六七m）や谷川岳（一九七

図6-8　尾瀬ヶ原から望んだ至仏山と岩塊斜面(右)
至仏山は遠目にはなだらかに見えるが、実際は険しい岩山である

図6-9
至仏山高天ヶ原のお花畑
蛇紋岩が細かく砕けた場所に
成立している

図6-10　御神楽岳のアバランチシュート

八m）、仙ノ倉山などがあります。

一帯は日本有数の多雪地帯で、急な斜面には雪崩が頻発するため、丸いノミでえぐったような、特有の地形（アバランチシュート）ができることがあります（図6－10）。また谷川岳や越後三山辺りでは、急峻な岩壁が卓越するだけでなく、谷筋を中心に初夏から秋まで大量の雪が残り、越年することもあります。氷期には残雪が氷河に発達した可能性が高いと考えられています。

残雪は周辺の植生に大きな影響を与えます。一部の山々では、亜高山針葉樹林帯が欠如し、その代わりに草原や湿性草原、池塘《ちとう》、笹原などが優占する「偽《ぎ》高山帯」と呼ばれる美しい景観が現れます。

会津駒ヶ岳や平ヶ岳は山頂部まで浸食前線が到達していないため、山頂部には広い平坦面がよく残され、みごとな高層湿原（泥灰が厚く堆積した湿原）や池塘が発達します（図6－11）。この二つの山は日本百名山には含まれていたものの、尾瀬が日光国立公園から独立して尾瀬国立公園になるまでは、国定公園ですらありませんでした。私の知り合いに、桧枝岐《ひのえまた》村の星光祥村長がいますが、彼は大学時代、東京に出て、ある国

図6-11　会津駒ヶ岳の湿原と池塘

定公園の山に登り、こんな山が国定公園か、家の裏山の方がよほど美しいではないか、と思ったそうです。裏山というのは会津駒ヶ岳のことですが、今、考えてみると、会津駒ヶ岳や平ヶ岳が無冠だったということが信じられないことに思えます。尾瀬国立公園が分離独立して本当によかったと思います。

4. 南部北上帯

南部北上帯は古生代シルル紀〜デボン紀の付加体です。サンゴの化石を含む石灰岩や変成岩、火成岩、砂岩、オフィオライトなどでできています。岩手県の一関市東方の室根山《むろねさん》や気仙沼付近から牡鹿《おしか》半島に続く山々がこれに該当します。海岸は三陸海岸南部のリアス海岸に当たる風光明媚なところで、化石の産地としても知られています。

第7章

三億年前の石灰岩と変成岩

舞鶴帯、秋吉帯、三郡帯

三億年前ごろ、日本列島にはサンゴ礁起源の石灰岩が大量に付加しました。当時、古太平洋の赤道付近には、現在のハワイ諸島のような玄武岩質の火山がいくつも生まれ、それぞれの島を取り巻くようにサンゴ礁ができました。このサンゴ礁の石灰岩は、島が移動しながら沈下し、海山になるのに伴って五〇〇〜一〇〇〇mもの厚さをもつようになりました。そしてプレートに載って次々に移動してきて、最終的に秋吉台のほか、平尾台、帝釈台（広島県東部）、阿哲台（岡山県北西部）、さらには糸魚川の明星山などに分布する石灰岩になったのです。

1. 秋吉台と平尾台

最初に、秋吉台（山口県）と平尾台（福岡県）の石灰岩地を取り上げます。両方とも大きな石灰岩台地を形成し、古生代の石炭紀ないしペルム紀に堆積したサンゴ礁起源の石灰岩でできています。秋吉台は日本最大のカルスト台地で、日本を代表するカルスト地形をつくっています。

図7-1　秋吉台のカレンフェルト

カルスト地形については中学校辺りの教科書に出てくるせいか、鍾乳洞、ドリーネ、ウバーレ、カレンフェルトなどといった用語までよく知られています。いずれも石灰岩の溶食で生じる地形で、秋吉台のようにゆるやかな丘陵をつくる場合もあれば、中国の桂林のような、円錐状の高まりがいくつもできる場合もあります。前者の場合は、断層に沿ってドリーネの凹地が列をつくって並ぶほか、斜面上にはピナクルと呼ぶ、高さ一、二mの石塔が乱立してカレンフェルトを形成し、地下には鍾乳洞ができます。

後者の場合は、タワーカルストとか円錐カルストとか呼ばれる、高さ数十mから数百mの石灰岩の岩峰が林立し、みごとな地形景観をつくります。地下にはやはり鍾乳洞ができます。

秋吉台と福岡県にある平尾台は岩手県の龍泉洞と並び、日本三大カルストと呼ばれることがあります。しかし両者のつくる地形には大きな違いがあります。カレンフェルトをつくる一つ一つの石塔（ピナクル）は、秋吉台（図7－1）では先が尖っていて、その表面にはラピエとい

図7-2　秋吉台のピナクルとラピエ

う小溝が発達しています（図7－2）。

一方、平尾台ではピナクルは頭が丸まっていてラピエは見られません（図7－3）。その典型は図7－4に示した千貫岩で、丸みを帯び、ほとんどタコのような形をしています。千貫岩などという無粋な名前でなく、タコ岩の方がよほど合っていると思われるほどです。なぜこんな違いが生じたのでしょうか。

石灰岩の堆積の時期は秋吉台も平尾台も同じですから、問題はそれより後にあります。両者の間に何かが起こったに違いありません。

実は約一億年前、日本列島がまだ大陸の縁にあったときですが、平尾台の地下にマグマが貫入してきました。このためここの石灰岩はマグマの高温で焼かれ、再結晶化して粗粒な結晶質石灰岩、つまり大理石に近いものになりました。石灰岩は通常、灰色のものが多いのですが、平尾台の石灰岩は大理石といってもおかしくないほど白く輝いています。とてもきれいな石灰岩です。

再結晶化した結果、粗粒な結晶と結晶の間には微小な隙間ができました。そしてその中にシアノバクテリア

図7-3　平尾台のカレンフェルト

図7-4　千貫岩

（藍藻）が入り込んで繁殖したのです。それが石灰岩を溶かし、石塔の頭を丸くすることになりました。この話は、カルスト地形や洞窟の研究家の浦田健作氏から伺ったのですが、お陰でなぞ解きが可能になりました。

シアノバクテリアというのは、生物の進化の歴史の中で初めて光合成の能力を獲得しました。二〇数億年前、シアノバクテリアは光合成をさかんに行い、副産物として酸素の大量発生をもたらしました。酸素は上空に拡散していってオゾン層をつくり、紫外線を吸収するようになり、それが後に生物が陸上に進出することを可能にしました。つまりシアノバクテリアは地球環境を大きく変化させた生物なのです。平尾台の石灰岩が本来は白いのに、表面が黒ずんでいるのもシアノバクテリアの色がついたものでしょう。

なお不思議なことですが、石灰岩地には低木のナンテンがよく育ちます。皆さんが庭に植えるナンテンです。四国出身の植物学者の牧野富太郎（一八六二〜一九五七年）の生地に近いところに、ナウマンカルストという、地質学者ナウマンの名前をつけたカルスト台地があります。ここを訪ねたとき、ナンテンがたくさん育っていて驚きました。ナンテンの自生地がどこかなどということは、皆さんは考えたこともないでしょうが、どうやら石灰岩地が自生地のようです。植えたものでなく自生しているナンテンは皆さんも見たことがないと思います。ナンテンは貧栄養のような厳しい環境には強いのですが、他の植物との競争にはおそらく弱いのだろうと思います。

起源の古い植物で、石灰岩地という貧栄養の場所で細々と生き延びてきたのが、実がきれいなために珍重され、栽培されるようになったものだと推定できます。

なお石灰岩地域の地形としては、カレンフェルトのほかに、峡谷や切り立った岩壁、石門《せきもん》（自然に門のようになった岩石）などを形成することがあります。帝釈台や明星山はこれに該当します。

2.三郡帯

舞鶴帯、秋吉帯が付加したとき、一部はさらに深部まで沈み込んで、高圧により変成岩になりました。これが三郡帯です。ここにはその後、九〇〇〇万年前くらい前に花崗岩が貫入してきたり、溶岩が流出したりし、中国山地の西部から中部にかけての高地を形成しました。県でいうと、広島県の北部から岡山県の北部にかけての一帯に当たり、一〇〇〇mから一二〇〇m前後の標高を示す山が並んでいます。代表的な山としては、ブナ林で知られる比婆山（一二二五m）とその隣の立烏帽子山（一二九九m）、猿政《さるまさ》山、道後山（一二七一m）、花見山、毛無山などと、大山《たいせん》火山のすぐ東に火山・蒜山《ひるぜん》（一二〇二m）があります。

第8章

二億年前〜一億年前の付加体がつくる山々

美濃・丹波帯、秩父帯、足尾帯

二億年前〜一億年前のジュラ紀・白亜紀に付加したところは、美濃・丹波帯、秩父帯、足尾帯などといったところです。日本列島の三割程度の面積を占めます。

このうち私にとって身近だったのは秩父帯です。昔、秩父古生層と呼ばれ、教科書にも出ていた有名な地層です。私は長野県から上京して大学に入ったのですが、しばらくしたころから長瀞の秩父自然史博物館を訪ね、天然記念物の三波川結晶片岩からなる石畳を始め、さまざまな種類の岩石や変わった地形に親しみました。また日原《にっぱら》鍾乳洞や大岳鍾乳洞にも出かけ、石灰岩のつくる不思議な地形を体験しました。私は現在、東京西多摩のあきる野市に住んでいますが、市の西部（旧五日市町の領域）にも秩父帯の地層が広く露出しており、そのまま山に上がっていくと、御岳山や大岳山に到達することができます。また多摩川を遡ったり、秩父に向かって車を走らせたりしても、各地で秩父帯の岩石に触れることができます。正丸《しょうまる》峠や顔振《こうふり》峠、伊豆ヶ岳、秩父盆地などはよく訪ねました。巡検で出かけたことも少なくありません。結果的に、身近なところで、山々の地質と植生分布の関係などを調べることができました。私にとってまさになじみ深い地質だったといえます。

1.秩父帯の山々

秩父帯の山といえば、まずは秩父市の背後にそびえる武甲山を取り上げるべきでしょう。ほぼ全山が秩父帯の石灰岩からなり、秩父市はこの山の石灰岩の採掘とともに発展してきました。私が子供のころは、秩父セメントという会社があり、この会社でつくったセメントは身近なところでよく使われていました。現在、秩父市側から見る武甲山は削られて階段状になり、痛々しく見えますが、かつては秩父を代表する名山でした。

秩父近辺の山を歩いていると、稜線の出っ張りや山頂のほとんどが石灰岩かチャートでできているのに気づきます。これはジュラ紀の付加体である秩父帯のメランジュの中に含まれていた石灰岩やチャートが、浸食に抵抗して残ったものです。石灰岩のブロックの最大のものが武甲山の石灰岩ですが、小鹿野町の二子山も石灰岩でできた尖峰で、ほかにも小さいピークはたくさんあります。

図8-1　蝉の渓谷（南牧村）

下仁田の町から鏑《かぶら》川を遡った南牧《なんもく》村には、白い色をしたチャートの基盤を川が切り込んでつくった「蝉の渓谷」があります（図８－１）。飛び越えれば対岸に渡れそうなほど狭い峡谷で、白いチャートも珍しいので、初め

図8-2　御岳山のロックガーデン

て見た人はびっくりします。蟬という名前は「狭い」から来ているのではないかと言われていますが、確かにそんな気がします。

五日市の駅から歩いて一時間ほどにある金比羅山や、奥多摩町と秩父市の境にある蕎麦粒山も、山頂がチャートの大きな塊でできています。

秩父帯を代表する高山の代表として、私があげたいのは両神山（一七二三m）です。秩父盆地から荒川を西に遡った奥山にそびえ、標高はそれほど高くありませんが、山頂部一帯がチャートからなり、険しくて危険な鋸歯《きょし》状の稜線が長く続きます。切り立った岩壁と岩場、鎖場も多く、登山には緊張を強いられます。この山は古くから三峰山と並ぶ修験道の山で、登山道沿いには石仏、石碑などがたくさん設置されています。

佐久には標高二一一二mを誇る岩山・御座《おぐら》山があります。山頂部は硬い砂岩からなっていて、亜高山針葉樹林から突出し、富士山形をした独立峰は遠くからもよく目立ちます。かつては山頂の磐座《いわくら》が地上と天をつなぐ神の御座とみなされ、それが山名になったものだと思われます。

先に名前の出た御岳山や大岳山もやはり秩父帯を代表する名山と言っていいでしょう。いずれも山岳信仰の山です。今、御岳山へは登山電車で登ることができますが、山頂駅を出てから御師《おし》集落（宿坊経営や信仰者の案内をした御師によって形成された集落）のある辺りまでは泥岩や砂岩が混じりあったメランジュからなり、地形もなだらかです。ところが御岳山山

図8-3　祖母山の地形地質と植生　上と下の露岩地にはさまれたところが秩父帯

頂にある御嶽神社の手前から大岳山にかけてはチャートが優勢になり、ロックガーデン（岩石園）と名づけられたところでは、チャートの岩壁や巨岩が次々に現れるなど、急に険しくなります（図8－2）。

御岳山や大岳山は今でも武蔵野一帯からよく見えますが、高い建物のなかった江戸時代には江戸の町からもよく見えました。ごく近くに見えますし、それほど高くないのですが、登ってみると、意外に急峻なので、江戸時代の人たちも驚いただろうと思います。こんな山ですから、信仰登山という名目ではありますが、実際は庶民もけっこう登山の楽しみを味わっていたのだろうと思います。

なお秩父帯は関東だけでなく、中央構造線の南に沿うような形で、南アルプスから紀伊半島、四国山地、九州山地にまで延びています。秩父帯の岩石でできている山には、紀伊半島では志摩半島の朝熊山《あさま》、その西の大台ヶ原山（一六九五m）、山上ヶ岳・八経《はっきょう》ヶ岳（一九一五m）などからなる大峰山地があります。また高知県西端に位置する四国カルストや大野ヶ原のカルスト台地、九州山地の祖母山《そぼさん》（一七五六m）、傾山《かたむきやま》（一六〇五m）、熊本県南部の五家荘《ごかのしょう》付近の山々が秩父帯に該当します。

祖母山は大分県と宮崎県の県境にある険しい山ですが、大分県側から見ると、地質や植生が三段に分かれているのを読み取ることができます（図8－3）。一番下が花崗岩でところどころに露岩地があり、アカマツ林が優

図8-4　祖母山の険しい山並み

占しています。中腹が秩父帯に当たり、モミ、ツガが優占しますが、ブナ林もあり、谷筋にはシオジ林が分布するなど、森林の発達がよくなっています。最上部は海底火山の噴出物が固まったもので、岩峰が連続する険しい地形をつくります（図8－4）。ここで優占するのはヒメコマツです。地質によって地形が決まり、それに森林が対応しているのはなかなか興味深いものです。

2.足尾帯の山々

次は足尾帯を取り上げます。足尾といえば、誰もが思い浮かべるのが、足尾銅山でしょう。足尾銅山は足尾山地の北部にあり、二〇世紀の初期（明治時代末期）には日本の銅の四割を生産する日本一の銅山となりました。しかしその反面、精錬によって生じた大量の廃棄物や排煙は、渡良瀬川上流地域の大気や水、土壌を広範囲に汚染し、悲惨な足尾鉱毒事件を引き起こしました。鉱毒による渡良瀬川流域の荒廃は渡良瀬川の洪水を何度も引き起こし、利根川を経由して東京の下町に鉱毒が広がることを恐れた明治政府が、利根川の流路を実質的に銚子の方に変えたといわれています。

また足尾の鉱毒の日光側への拡大を恐れた日光側の住民が、それを阻止しようと日光の国立公園化の運動を早くから始めました。そ

図8-5　日光白根山の山頂部　奥の灰色の部分は明治期に噴出した軽石が覆うところで、植被に乏しい

れが功を奏し、日光国立公園が成立するわけですが、割を食ったのが尾瀬で、日本を代表する観光地でありながら、日光国立公園に含まれ、二〇〇七年にようやく分離独立することができました。指定から七四年目のことです。

足尾帯の分布地は足尾山地や八溝《やみぞ》山地に加え、越後山脈の北部から飯豊山地くらいまでの広い範囲に広がっています。面白いことに名前の元になった足尾山地では、高い山はほとんどが男体山（二四八六m）や日光白根山（二五七八m、図8－5）などの活火山か、庚申《こうしん》山（一八九二m）や皇海《すかい》山（二一四四m）のような古い火山からなり、足尾帯の岩石は低い山地でしか見ることができません。これは足尾山地がちょうど現在の火山フロントに当たるところに位置しているためで、火山はいずれも足尾帯の基盤に肩車してもらった形になっていて、二五〇〇m前後の高い標高を示します。非火山としては帝釈山（二〇六〇m）をあげることができますが、標高はそれほど高くありません。

飯豊山地は二〇〇〇m前後の山々からなる小型の山脈です。一部に足尾帯の岩石が出ますが、ほぼ全体が花崗岩でできています。亜高山針葉樹林を欠く典型的な山として知

図8-6　飯豊山の偽高山帯の草原　本来なら亜高山針葉樹林になるべき標高が草原や笹原で覆われている

図8-7　飯豊山の氷食でできた岩盤　三国小屋付近の稜線から下方を望む

図8-8　石山寺の石灰岩

られており、三国岳付近では、氷期の氷河で形成されたツルツルに磨かれた岩盤を観察することができます（図8－6・7）。

3. 美濃・丹波帯の山々

美濃・丹波帯の分布域は広く、飛騨高地から、美濃三河高原の北部、伊吹山地や鈴鹿山脈、比良山地、丹波高地といった辺りが含まれます。主な山々としては、越前大野の荒島岳、能郷《のうご》白山、伊吹山、鈴鹿山脈の霊仙山《りょうぜんざん》、藤原岳、比良山地の武奈《ぶな》ヶ岳や比叡山、丹波高地の鞍馬山や愛宕山をあげることができます。また若狭湾の南の野坂山地やそこから西へ続く山地を構成するのも、美濃・丹波帯や超丹波帯という付加体です（図8－8）。

若狭湾一帯は若狭湾国定公園に指定されていますが、その岩石海岸を観光船に乗って海から見ると、蘇洞門《そとも》付近では、美濃・丹波帯や超丹波帯の褐色の砂岩層を貫いて、白い花崗岩の貫入してきた様子が手に取るように観察でき、リアス海岸の風景美に色を添えています（図8－10～13）。

図8-9　若狭湾・蘇洞門付近で見られる地質の境界
褐色の部分:超丹波帯の砂岩、右側の白い岩:貫入してきた花崗岩

図8-10　蘇洞門の海食洞

図8-11　褶曲した美濃帯の地層

図8-12　若狭湾・大島半島の海岸に見られる蛇紋岩（黒い岩）
また小浜湾に突き出た大島半島では蛇紋岩が広く分布し、海岸でも見ることができる。人物は福井市自然史博物館の吉澤康暢元館長

第9章 手取層（礫岩層）にできた山々

手取層は、日本列島がまだ大陸の一部だったころに大陸に存在した、大きな湖に堆積した礫岩層です。したがってこれまで取り上げてきた付加体とは性格が異なりますが、重要な存在なので、章を改めて記載したいと思います。主に福井県と石川県に分布し、山としては白山と黒部五郎岳、荒島岳をあげることができます。

1.白山

白山（二七〇二m）は日本では富士山、御嶽、乗鞍、八ヶ岳に次ぐ高さを誇る火山です。白く輝く美しい山であり、古くから信仰登山の対象として崇められてきました。しかし白山は火山ではありますが、溶岩の占める部分はごく少なく、山頂付近の標高差にしておよそ三〇〇〜四〇〇m程度の範囲を覆っているにすぎません。白山は飛騨帯の片麻岩や濃飛流紋岩を基盤としており、これらの岩石は山麓の手取渓谷などで見ることができます。しかしそれ以外は山体の大部分がほとんど手取層という堆積岩でできています。これだけの高さをもつ山としてはいささか不思議と言わざるを得ません（図9－1）。

図9-1　風化した手取川礫岩層（手前）を覆う溶岩層（黒い部分）

手取層は一億六〇〇〇万年前から一億二〇〇〇万年前の中生代のジュラ紀から白亜紀にかけて、ロシアの沿海州辺りにあった浅い海か大きな湖に堆積した地層です。恐竜の化石が出ることでよく知られており、福井県の勝山ジオパークなどはそれを売り物にしています。

白山への登山コースの一つ観光新道は、手取層の堆積した地域を通っているため、登山道には丸い礫が固まった礫岩がよく露出しています。礫岩は風化すると礫層のように見えます。登山道を登っていくと、室堂が近くなってようやく礫岩地域を抜けて溶岩地域に移行します。

礫岩地域はハクサンシャジンやイブキトラノオなど、多くの美しい高山植物からなる素晴らしいお花畑になっています。これは、多雪という条件に加え、手取層中の泥岩が風化して泥に戻り、それに砂岩や礫岩の礫が適度に混じり合って、植物の生育に合った土壌ができたためだと考えられます。白山の高山植物は古くから植物学の研究対象や採集の対象になってきました。このため、ハクサンコザクラやハクサンフウロ、ハクサンイチゲ、ハクサンチドリ、ハクサンシャクナゲ、ハクサンボウフウなど、白山の名を冠

図9-2　礫岩地域に成立したお花畑

図9-3　室堂から見上げた御前峰の無植生地域

した高山植物がたくさんあり、一〇数種に上っています（図9－2）。

白山の火山活動は四〇万年前に始まったとされ、一四万～一五万年前には標高三〇〇〇mを超えて、日本の最高峰だったと推定されています。五万年前からは現在の新白山火山が活動を始めましたが、四四〇〇～四五〇〇年前には山体の東半分が崩壊し、標高は大きく低下しました。しかしその後も断続的に溶岩の噴出や水蒸気爆発が起こり、ピークがいくつもある現在の山頂部の地形を形成しました。

平安時代の一一世紀から火山活動が活発化します。噴火の記録は一〇四二年まで遡り、このときの噴火でできた火口が、翠《みどり》ヶ池と千蛇《せんじゃ》ヶ池だと考えられています。その後、一五四七年からはさらに活性化し、一六五九年まで一〇回あまりにわたる噴火の記録があります。当時、室堂には僧侶が滞在して修行をしていましたが、近くの山頂部で噴火が起こったため、あわてて逃げ下ったという話が残っています。

室堂から御前峰を見上げると、山頂部の左半分が白くなり、そこだけ植物が欠けて見えます（図9－3）。これまでの研究では、これは冬の強風が原因だとされてきました。しかし本当の原因はこの部分を紺屋《こんや》ヶ池から駆け上がった火砕流が通過したためで、強風が原因ではありません。現場には火山灰や火山礫が散乱し、植物はまだ見られません。しかし少し下ると、先駆植物（植生のないところに初めに定着する植物）のコメススキが現れ、次いでイワツメクサやイワスゲが加わって周辺部ほど植物が増加します。今後はますます植物が増加し、本来の高山植生に戻っていくと予想できます。

図9-4　百万貫岩

白山に発する手取川は荒れ川で、流域の人々は水害に苦しめられてきました。手取川礫岩層は風化しやすく、至るところで崩壊して土砂を大量に生産するため、洪水が起こりやすいのです。一九三四年（昭和九年）の手取川大水害のときは、流域全体で洪水が発生し、とくに鶴来《つるぎ》の町を扇頂として広がる手取川扇状地ではほぼ全域に土砂が堆積し、大きな被害が生じました。このとき、手取川の上流域にある白峰地区では巨大な岩が流れ出し、現在手取川の河原に鎮座しています（図9－4）。

この岩は高さ一六m、周囲は五二mに達し、重さは推定で百万貫くらいだろうとされたことから「百万貫岩」と名づけられました。その後、きちんとした計測による重量の推定が行われ、一二九万貫と百万貫を軽く超えていることが明らかになりました。メートル法で表示すれば、四八〇〇トンということになりますが、重すぎてピンときません。

2. 黒部五郎岳、北ノ俣岳

手取層礫岩でできた山には、北アルプスの黒部五郎岳（二八四〇m）と北ノ俣岳（二六六一m）があります。黒部五郎岳

図9-5　黒部五郎岳の大きく開いたカール

は薬師岳の南にそびえる、底の抜けた巨大なカールをもつ雄峰です（図9－5）。山頂部は手取層の礫岩で構成され、カールの底には氷期の氷河が運んで置いていった、礫岩の巨大な岩塊がごろごろと転がっています。

北ノ俣岳（上ノ岳）は黒部五郎岳の北にあるなだらかな山で、山頂部で手取層の礫岩を見ることができます。山頂のすぐ東側には北アルプスでもっとも高い場所にできた河川の蛇行があります。この川は黒部川の源流の一つに当たっています。

太郎兵衛平は薬師岳の南側の鞍部に当たる平坦地で、なだらかな地形の上には湿性の草原が広がり、その下には泥炭ができています。その理由として、泥炭層の下に堆積した「アカホヤ火山灰」の存在をあげることができます。これは七三〇〇年前に九州の屋久島の北の海域で噴火した、喜界カルデラからはるばるもたらされた火山灰で、風化して粘土化したために、水が地下に浸透できなくなり、そのために泥炭の集積が可能になりました。土壌の断面を見ると、立山起源のクリーム色の軽石の層の下に赤黒い色をした粘土層があります。これが「アカホヤ火山灰」です。

有峰から登ってきた登山者の多くはここで一泊し、一部は薬

図9-6　イトヨの生息する本願清水

師岳へ、一部は北アルプスの中心部の雲の平を経て水晶岳や三俣蓮華岳などに向かいます。

3. 荒島岳

荒島岳（一五二三m）は福井県東部の大野盆地の東側にそびえる独立峰です。この山も白山と同じく山頂部が溶岩でできているため、かつては火山だとみなされてきましたが、その後の調査で、一二〇〇万年前に存在したカルデラ火山が、九頭竜《くずりゅう》川の浸食を受けて削られ、残った部分が現在の山体を構成しているのだということが明らかになりました。溶岩層の下には手取層の礫岩があります。

荒島岳の麓には湧水群で有名な大野市があります。この町は能郷白山（一六一七m）に源流をもつ真名川がつくった扇状地の上に広がります。扇状地の礫層には膨大な水が蓄えられており、そのため、地表から二～三mくらい下に地下水面があります。このため、市内の家の八割くらいに井戸があるのだそうです。また至るところに湧水があり、「〇〇清水《しょうず》」と呼ばれています。清水には水がきれいなために絶滅危惧種のイトヨが生息しており、市民に親しまれています（図9－6）。

第10章

一億年前〜六〇〇〇万年前の領家帯と濃飛流紋岩からなる山々

一億年前、日本の国土はまだ沿海州付近のユーラシア大陸の縁にありましたが、この前後に日本では大きな事件が続けさまに二件起こりました。一件目は一億四〇〇〇万年前ころから一億一〇〇〇万年前にかけて起こった、海嶺を含むイザナギプレートそのものの古日本海溝への潜り込みです。それに伴って付加体の一部が地下深部に押し込められて高圧を受け、変成岩となりました。これが三波川《さんば》帯の変成岩です。

二回目の地学的事件は、約一億年前に起こった、クラプレートと太平洋プレートの間にあった中央海嶺の古日本海溝への沈み込みです。これにより大量のマグマが供給され、その熱を受けて高温高圧の変成岩類ができました。これが領家帯で、中央構造線の北側に分布する変成岩類や花崗岩でできています。またマグマの供給は九〇〇〇万年前から六〇〇〇万年前まで続き、地上に溢れ出たマグマは、岐阜県東部（美濃と飛騨）の広大な地域に流紋岩の台地をつくり出しました。これを濃飛流紋岩と呼びます。

1.三波川変成岩

図10-1　大歩危小歩危の峡谷

図10-2　紀三井寺のみごとな石垣

三波川変成岩は関東山地から九州の長崎半島まで、中央構造線に沿うように、帯状に分布していて、銀色のきれいな結晶片岩は秩父盆地の長瀞や四国の大歩《おおぼ》危《け》小歩危《こぼけ》の美しい峡谷をつくります（図10－1、図2－14）。

また三波川変成岩は石がきれいな上、扁平に割れて石垣をつくりやすいので、城や寺などで広く用いられてきました。和歌山城の石垣や紀三井寺の石垣はその典型です（図10－2）。私と同行した市民の皆さんは「わあ、三波川変成岩だ」などと大はしゃぎしていましたが、石を見てここまで喜ぶ人たちは珍しく、外見《そとみ》には奇妙な集団に見えただろうと思います。

2. 領家帯の花崗岩からなる木曽駒ヶ岳

領家帯の花崗岩からなる高山としては、中央アルプスの木曽駒ヶ岳（二九五六m）をあげることができます。中央アルプスの主峰で、みごとな千畳敷カールの写真は皆さんも見たことがあるでしょう。

この山にはいくつか他の高山にない特色があります。一つは千畳敷カールが断層で切れて二段になっていることです（図10－3）。写真の中央に崖が見えますが、これが断層によってできた崖で、崖の右側にあるなだらかな部分が、かつてのカールの底です。左手奥に見えるのがロープウェイの千畳敷駅です。この写真は八丁坂を途中まで登り、断層の見える岩盤から下を見下ろして撮影したものです。ここまで明瞭に断層でずれたカールは、わが国にはほかにありま

図10-3　千畳敷カールを切る断層と段差

図10-4　黒川谷のU字谷　左下は濃ヶ池カールとモレーン

せんが、おそらく山頂部が上がることによって段差が生じたとみることができます。

図10－4は山頂の北東側にある濃《のう》ヶ池カールの上の稜線から下の谷を見下ろしたものです。浅いU字形をした谷がゆるくカーブしながら続いていますが、この谷を黒川谷といい、地形学者・大関久五郎によって日本で初めて指摘されたU字谷です。この谷を下りていくと、海抜一六〇〇m付近に伊勢滝という滝があり、かつてその辺りまで氷河が延びていたことが分かります。

地形学者であり、雪氷学者でもあった五百澤《いおざわ》智也さん（一九三三～二〇一三年）は、このU字谷は最終氷期前半（六万年前）の寒冷期に氷河が大きく拡大したために生じたと考え、その理由として、当時はまだ海面がそれほど下がっていなかったために、日本海には対馬暖流が流入し、日本列島に積雪が多かったということをあげました。これに対し二万年前の最終氷期後半の寒冷期には、海面低下で日本海がほとんど閉じてしまったために、積雪量が減り、その結果、氷河の発達は悪くなって稜線直下のカール内にとどまったのだといいます。

木曽駒ヶ岳ではこのほか、カールの縁が小さな断層でずれ落ちる「線状凹地」という地形（図10－5）が各地で見られます。カール内にあった氷河が解けたため、稜線部がバランスを失ってずれたものです。

また極楽平の稜線に出て三〇〇mほど南下すると、左手に図10－6に示したような船窪状の地形が見えてきます。こちらは上部の山体が下方の谷の浸食の進行によって不安定化してずれたもので、似たような地形は南の空木《うつき》岳に向かう稜線沿いでいくつ

図10-5　本岳の北側に開いた正沢カールの縁に生じた2列の線状凹地

も見ることができます。

本岳南側の鞍部のテント場の下方には、ローマ時代の石畳の道路のような、ペーブメントと呼ぶ地形もあります（図10－7）。これは花崗岩の大きな礫が冬に強い雪圧を受けて、平らな面を上に向けて並んだもので、おそらく日本でたった一つの地形です。

なお個人的なことですが、木曽駒ヶ岳は私の大学院修士論文のフィールドとなり、その後の山の自然学研究の始めとなった山です。修士課程に入った年の夏、私は先達の山の研究者であった五百澤智也さんに連れられて、現在は糸魚川市に含まれている蓮華温泉から入山し、ゆっくりと自然を見ながら、北アルプス最北部の朝日岳、雪倉岳、白馬岳一帯を縦走しました。その間、雪倉岳や鉢ヶ岳、白馬岳付近では氷河地形や二重山稜、残雪、雪食凹地、さまざまの植物群落、構造土などがモザイク状に分布しているのを観察し、多彩な高山の自然にすっかり魅了されました。そして気分が高揚した挙句、この多彩な高山帯の自然景観がどのようにして生じているのかを修士論文のテーマにすることにしたのでした。ただ白馬連峰をフィールドにするの

図10-6　船窪状地形

図10-7　ペーブメント地形

は、冬の調査を考えるといささか荷が重いので、冬でもロープウェイが使える木曽駒ヶ岳の本岳と中岳の間の鞍部一帯に変えることにしたのです。

私のテーマは一口でいえば、「日本の高山帯はなぜこんなに美しいのか」ということだったのですが、関わる対象は地形、植生、残雪、風などと多岐にわたります。そのため、テーマと構想を発表したときには、「君が何を調べたいのか分からない」、「無理だよ、もっと絞った小さいテーマにせよ」などと、当然ながらいろいろ注文がつきました。

その後のいきさつについては『日本の山はなぜ美しい』（古今書院）に書きましたので、これ以上はふれませんが、私は、高山での季節変化を知るために、修士課程一年の秋から毎月山に登って調査することを考え、それを実行しました。それによって一年を通しての高山帯の自然の変化を観察することができたのでした。厳冬期の風や積雪深も調べ、結果的に日本の高山帯の景色がなぜこんなに美しいのかを解き明かしてしまいました。論文は『日本生態学会誌』に掲載されましたが、まだ世界でたった一本しかない論文となっています。

3.濃飛流紋岩からなる北アルプス薬師岳

北アルプスではすでに剱岳と立山、白馬岳などが登場しましたが、次は薬師岳の番です。薬師岳は富山県内では立山、剱岳に次ぐ高峰で、どっしりとした山体をもつ半独立峰です。その地質は六〇〇〇万年前に噴出した濃飛流紋岩でできています。しか

図10-8　東南尾根の砂礫斜面　植被の乏しい砂礫斜面が広がる、濃い緑はハイマツ

し一九七〇年代まではこの山の地質は、東南尾根が石英安山岩、薬師岳山頂部から北薬師岳にかけての一帯が石英斑岩とされていました。噴出の年代については大雑把ですが、手取川礫岩層を貫いていることから、中生代末ないし新生代古第三紀の初期とされており、六〇〇〇万年前という現在得られている年代とそれほど食い違いがありません。

その後の地質調査で、薬師岳山頂部一帯の岩は全体が溶結凝灰岩と一括され、さらに最近では薬師岳流紋岩類と名前が変わりました。これは薬師岳の岩が濃飛流紋岩に含まれるということが明瞭になったためにほかなりません。

ただ私はゼミの学生と一緒に薬師岳で岩屑生産の歴史性と植生分布との関わりを調査したことがあり、その場合、地質については一括しない方が好都合でした。薬師岳の高山帯では全体に植物が乏しいのですが、その理由を考えると、明らかに地質の影響が認められたからです。山体の南部に当たる東南尾根では、岩が細かく割れ、表面を細かい岩屑が覆っています。植物もごく乏しく、ハイマツ以外はタカネスミレやイワスゲがわずかに生育している程度で、全体が薄く赤褐色を帯びた砂礫斜面に見えました（図10－8）。一方、薬師岳山頂部から北薬師岳に

図10-9　北薬師岳の岩塊斜面　新ドリアス期にできた岩塊斜面
斜面上の凹み（最終氷期極相期の岩塊斜面）にハイマツが生育している

図10-10　風化被膜
岩の表面の白く変色した部分。この厚さで年代を推定する

かけては、径四〇cmから一〇〇cmを超えるような灰色の粗大な岩塊斜面が広がり、こちらもほとんど無植生に近くなっています（図10－9）。

詳しい話は省略しますが、東南尾根では三〇〇〇年くらい前のネオグラシエーションと呼ぶ寒冷期に岩屑生産が起こりました。一方、山頂部から北薬師岳にかけての一帯では、最終氷期の極相期（二万年前）に斜面を覆うように広く岩塊が生産されたものの、その後、一万二〇〇〇年ほど前の新ドリアス期と呼ばれる寒冷期（晩氷期）にも岩塊の生産が起こり、既存の岩塊斜面をさらに覆うように岩塊が供給されました。その場合、新しい岩塊が載らなかったところは斜面上の凹地になったため、そこにのみハイマツの侵入が可能になったという、面白いことが分かりました。

私たちは上で述べた岩屑生産の時代を、岩屑に生じた風化被膜（図10－10の白く変色した部分）の厚さを用いて調べました。その結果、薬師岳では新ドリアスの寒冷期の影響が強く出ました。しかしヨーロッパと比べてわが国では新ドリアス期の影響がはっきりしたケースは希少で、この山はそれが明らかになった珍しい事例となっています。

4．茨城県筑波山麓の稲田石

茨城県の北部にある笠間市の稲田では、通称、稲田石とか「白御影」とか呼ばれる花崗岩が採掘されています。これは岩石名では黒雲母花崗岩となります

図10-11　浄土ヶ浜　流紋岩のつくる景勝地

が、黒雲母の含有率は三・八%と低く、残りのほとんどが長石と石英であるため、白い岩石中にごま塩のように黒雲母が点在する花崗岩になっています。白色で美しく、見かけは大理石によく似ています。鉱山のある場所は筑波山・加波山のつくる山地の北側に当たり、六〇〇〇万年前に地下五kmから一〇kmの深さに貫入してきたマグマがゆっくりと固まったものだと考えられています。美しい岩であるため、日本銀行本店や国会議事堂、東京駅、最高裁判所など多くの歴史的な建造物に使用されてきたほか、大きな神社の鳥居などにも加工されています。

5.三陸海岸・浄土ヶ浜

長い三陸海岸には多数の湾がありますが、ちょうど真ん中に近い辺りに宮古湾があります。岩手県宮古市のすぐ東側に当たります。宮古湾の奥まったところにある静かな入り江に面して浄土ヶ浜があります。五二〇〇万年前に貫入してきた流紋岩がつくる景勝地です。五二〇〇万年前といえば、白亜紀を過ぎ、第三紀に入っていますが、ここでは地下でできたお供え餅のような形の流紋岩の貫入岩体が、その後の隆起で海岸部に露出し、白い岩が波の浸食を受けて半島状になったものです。周囲を囲む青く浅い海と本土側の白い礫浜《れきはま》とがあいまって美しく清浄な景色をつくり出し、浄土ヶ浜と呼ばれるようになりました（図10－11）。

第11章 一億年前の付加体・四万十帯からなる山々

四万十帯は関東山地から南アルプス、紀伊山地、四国山脈を経て九州南部まで続く地質帯です。南アルプスのような日本列島を代表する高い山脈も含まれますので、取り上げるべき山も少なくありません。南アルプスなら北岳、赤石岳、荒川岳、塩見岳、聖岳、仙丈ヶ岳などの名前がすぐにあがってきますし、関東山地なら雲取山や三頭山《みとうさん》、高尾山などが対象となります。以下、主な山をいくつか順番に取り上げることにしましょう。

1．南アルプス北岳

最初に登場するのは、富士山に次ぐ日本第二位の高峰・北岳です。この山は別名白根山と言われるように、端正な三角形をした山で、冬は雪に覆われて白く輝き、甲府盆地からはよく見えます。北岳は白馬岳、大雪山と並ぶ高山植物の宝庫で、固有種の多いことではこの三つの山の中でも群を抜いています。お花畑にも恵まれ、地味な山の多い南アルプスの中では例外的に、たくさんの登山者が訪れる山となっています。

清楚な花をつけるキタダケソウは北岳を代表する植物だといってよいでしょう。キタダケソウは北岳の固有種で、近縁の植物としては北海道・アポイ岳のヒダカソウと、サハリンや北朝鮮の白頭山《ペクトウサン》に分布する同じ属のものが知られているにすぎません。北岳にはこのほか、キタダケカニツリ、キタダケイチゴツナギ、キタダケデンダなどといった固有種があり、ほかにも北岳と木曽駒ヶ岳にしか分布しないハハコヨモギ、北岳と仙丈ヶ岳にしかないキタダケヨモギのような、準固有種と呼んでもいい植物がいくつかあります。

この山に登る人の多くは広河原《ひろがわら》から大樺沢に入り、そこから草すべりを経由するコースを取りますので、このコースに沿って自然を見ていきましょう。大樺沢はほぼ直線状に延びる沢で、どんどん上がっていくと、直径三mくらいもある大きな岩がしばしば谷をふさいで登りの邪魔になっています。これは山頂部を構成していたチャートで、氷期の氷河が運んできたものです。チャートは鉄よりも硬いため、なかなか砕けにくく、氷河に運ばれてきたまま残っているのです。大樺沢は夏でもけっこう雪が残り、シナノキンバイやハクサンイチゲなどがきれいなお花畑をつくっています。

大樺沢は標高二二〇〇m付近で右股、左股の二つに分かれます。ここでは右股を行き、草すべりを通って肩の小屋を目指しましょう。草すべりはわが国でも有数のみごとなお花畑で、イブキトラノオ、ミヤマキンポウゲ、シナノキンバイ、ハクサンイチゲ、クルマユリ、クロユリ、ウサギギクなどと、珍しいミヤマハナシノブなどが生育しています。ミヤマハナシノブはわが国の固有種で、北海道を除くと白馬連峰の清水岳と北岳近辺の山々にしか分布していません。

小太郎尾根に出ると明瞭な二重山稜の地形が目につきます（図11－1）。稜線が大きく割れて二重になったものですが、これは氷期には大樺沢に氷河が詰まっていたのに、一万年くらい前に氷河が解けてしまったため、稜線部が支えを失い、横に滑ってしまったものです。右側の尾根の出っ張りを左に戻してやると元の稜線にくっつくことが分かるでしょう。二つになった稜線では砂岩が出っ張りをつくり、泥岩の部分は凹みを形成します。

小太郎尾根は泥岩や頁岩を主とし、ときどき砂岩やチャートを交える地域です。泥岩や頁岩は風化して細かく割れるため、地表を覆う礫は小さいものが多く、そこには典型的な風衝草原のお花畑が成立しています。オヤマノエンドウ、コバノコゴメグサ、トウヤクリンドウ、ミヤマキンバイなどが代表的な植物です。チャートは白や褐色をした非常に硬い岩石で、砂岩とともにそこだけでっぱって岩場をつくっています。

肩の小屋が近づいたら辺りを見渡してみてください。小屋のすぐ背後から傾斜が突然、急になり、ごつごつした地形が始まるのが分かると思います。また岩は黒っぽい色をしたものに変化し、斜面は巨礫や岩塊に覆われ、起伏そのものも大きくなります。これはなぜでしょうか（図11－2）。

ここからは岩が黒い玄武岩に変わります。写真の左手と右手の黒い部分がそれに当たります。でもよく観察すると、小屋のすぐ背後に白い岩が縦方向に続いているのが見えます。この白い岩は石灰岩です。つまり肩の小屋から地質は大きく変化し、浸食に強い玄武岩と石灰岩が主になったことが分かります。

図11-1　小太郎尾根の二重山稜

図11-2　肩の小屋と北岳の山頂部

図11-3　北岳山頂部のチャート 荒々しい地形をつくる

山頂部付近では地質はさらに変化し、チャートが広く現れます。岩が硬いため、ここでは荒々しい地形が卓越します（図11－3）。植物は全体に乏しく、ミヤマダイコンソウのように岩の隙間に生育する植物が増えてきます。ただ山頂を越え、北岳山荘のある鞍部への下りにかかると、至るところにシコタンソウの大群落が現れ、私たちをびっくりさせてくれます。

下りきったところで玄武岩や石灰岩を主とする部分は終わり、ここから先は北岳山荘を経て、間《あい》ノ《の》岳《だけ》方面まで、ゆるやかな上りが続くようになります。このなだらかな部分の地質はふたたび小太郎尾根と同じ、泥岩と頁岩・粘板岩を主とするものに変化します。ところどころ砂岩が混じりますが、砂岩の層が厚いとその一角だけ地形がごつごつしてくるので、すぐ分かります。

さてふたたび北岳に戻り、今度は「八本歯のコル」と呼ばれている辺りの地質・地形と植物群落を観察しましょう。ここには石灰岩が広く分布しており、氷期の氷食で生じた急な岩壁をつくって立ちはだかっています（図11－4）。石灰岩は遠くから見ると白く見え、どこまで分布しているかが一目瞭然です。吊尾根の下を通るトラバース道から上を見上げると、白い石灰岩の上に吊尾根の稜線をつくる黒っぽい色をした玄武岩か何かが載っているのがよく分かります。

図11-4　石灰岩の壁と植物群落

「八本歯のコル」付近は北岳を代表する植物がもっとも集中して見られるところです。キタダケソウ（図11－5）が一番多く分布しているところもここの石灰岩地域です。切り立った石灰岩の岩壁の隙間やちょっとした凹みに、キタダケソウをはじめ、シコタンソウ、ミヤマムラサキ、チョウノスケソウ、イワベンケイ、ウサギギク、コイワカガミ、イワオウギ、キタダケヨモギ、ハハコヨモギ、タカネヨモギ、タカネヒゴタイ、タカネマンテマ、イトキンスゲなどが現れます。

この中にはいわゆる「石灰岩植物」がたくさん顔を出していますが、氷河期に氷河によって削られた岩の浅い凹みに、薄い土壌ができており、それを足がかりに、多くの種類の植物が生育している様子には驚きすら感じてしまいます。群落全体の組成をみると、風衝草原の植物が主体になっていますが、その中に雪田《せっでん》植物（年間を通じて雪がほとんど消えない地域に生育する高山植物）群落の要素が混じり、不思議な構成を示しています。まったく逆の環境に現れるべき植物が共存しているわけで、奇妙な植物群落としかいいようがありません。

これまで紹介してきたように、この山では地質が複雑で、それぞれに対応した植物が生育しています。それが北岳の植

図11-5
キタダケソウ

物相を豊かにしているといえるのですが、ではなぜこんなに地質が複雑なのでしょうか。とくに堆積岩である泥岩や砂岩、石灰岩と、火成岩である玄武岩が同じ場所にあることは奇妙に感じます。これは南アルプスの地質が付加体であることに起因しますが、この点については、「第2章　日本列島の地質の生い立ち」の中で解説しましたので、そちらをご覧ください。

2.赤石岳、荒川岳など南アルプスのその他の山々

南アルプスは最北部の花崗岩地域を除き、基本的に付加体（四万十帯）でできていますので、地質については共通性が高くなっています。その結果、地形についてもある程度共通性が生じ、北アルプスに比べると一つひとつの山の独立性が高く、どっしりした山容をもつという特色があります。これは南アルプスを構成する四万十帯の岩石が、北アルプスに比べると年代が若い分軟らかく、急激に隆起したこともあって、谷に沿っての浸食が進みやすかったためだと考えられます。とくに南アルプスの南部の聖岳（三〇一三m）や赤石岳（三一二〇m）、荒川岳（別名・悪沢《わるさわ》岳三一四一m）、塩見岳（三〇四七m）といった山々では、その性格が顕著で、山と山の間の鞍部が低いところにあるため、一つのピークを越えるのに一〇〇〇mを超える登り下りを強いられ、縦走の際はかなり苦労することになります。

しかし、もう少し詳しく見ると、山ごとに山頂部の地質が異なりますので、山頂部の地形については山によってかなりの違いが生じています。たとえば、北岳は先に述べたよ

図11-6　赤石岳山頂西側の地形ー植生パターン
砂岩の礫が高まりを作り、泥岩の砂礫地には植被がついている

うに山頂部がチャートでできているために三角形に尖り、遠くからも目立つ山になっています。赤石岳は山体の上部に赤色チャートの層があって、その赤い色が赤石岳の名前の元になったことが知られていますが、山頂部では砂岩や泥岩が露出するために、山容は穏やかになり、山頂の西側斜面では砂岩起源の粗い礫と、泥岩起源の細かい礫が交互に配列して、傾斜方向に並ぶきれいな模様ができています（図11－6）。登山者は山頂に着くと、すぐに遠くの方を眺める習性をもっていますが、時には足元を見てみてください。意外に不思議なものが見られるかもしれません。

塩見岳は山頂直下にチャートの厚い層があって、それが大きい岩壁を形成し、遠くから望むと兜のような重厚で迫力のある山頂部をつくっています。また荒川岳では、山頂部にはチャートが大きく割れてできた岩塊が累々と堆積し、特異な荒々しい景観をつくり出しています。

一方、荒川岳の東にある千枚岳（二八八〇ｍ）では、泥岩の厚い堆積層が弱い変成作用を受けて、千枚岩と呼ばれる細かい層の積み重なった地質に変化し、その岩がつくる特異な景観が千枚岳の名前の元となりました。南アルプス最南部の光岳《てかり》（二五九一ｍ）の場合は、山頂の南西にある大きな石灰岩の岩体が、午後の日差しを反射して光るため、光岳という名前がつきました。この山は日本の最南端のハイマツ分布地として知られており、二五〇〇ｍ以上の標高をもつ山の南限にも当たっています。

図11-7　仙丈ヶ岳の蛇紋岩地のお花畑

甲斐駒ヶ岳に対面する仙丈ヶ岳（三〇三三m）は、優美で穏やかな山容と豊かな高山植物で知られ、登山者には北岳と並んで人気があります。山を構成する泥岩や砂岩は風化すると、礫と細かい砂や泥の混じり合った、通気性も保水性もよいいい土壌になります。そのため、森林限界やハイマツ帯を越えると、みごとなお花畑が現れ、登山者を楽しませてくれます。

これに加え、私たちは二〇一七年の登山で、山頂部の稜線を歩いていて蛇紋岩地を見つけました。山頂はカールの底にある藪沢小屋付近から見上げると三つの小さなピークに分かれますが、一番高いピーク（山頂）とその左（南）にある小ピークの間に蛇紋岩が出ていたのです。わずか三〇m四方くらいの斜面ですが、そこにさしかかったら急に華やかなお花畑に変化しました。不思議に思い、調べたところ、蛇紋岩地だと分かりました。つややかな黒い岩であることに加え、ミヤマウイキョウやイブキジャコウソウ、コバノツメクサなどの蛇紋岩植物が生育しているので間違いないと思います。ほかにタカネナデシコやミヤマウスユキソウ、コメススキなども目立ち、私たちを喜ばせてくれました（図11－7）。

この山は山頂東側の藪沢の源頭（水源地）にできたカールとモレーン（氷河堆積物でできた土手状の地形）の地形が標識的な形を示すことでも知られています。とくにモレーンはゆるい円弧状に延びており、日本で一番美しいモレーンといっていいでしょう（図11－8）。

図11-8　仙丈ヶ岳のカール（上）とモレーン（下　中央の円弧状の高まり）
写真上：手前のハイマツのついた丘がモレーン

3. 関東山地の山々

関東山地は群馬県富岡付近と山梨県大月付近の間を占める山岳地域です。三〇〇〇mを超えるピークはありませんが、二六〇〇m前後のピークがいくつもあり、日本アルプス、八ヶ岳連峰、白山に次ぐ高山地域を作っています。地質は北から三波川変成岩類、御荷鉾《みかぶ》緑色岩類、秩父帯、四万十帯の順番に配列し（図11－9）、南西部の金峰山付近にのみ花崗岩が分布します。ただし秩父帯の中央部には「山中《さんちゅう》地溝帯」が帯状に挟まっています。

このうち四万十帯に含まれる山としては、雲取山（二〇一七m）、笠取山（一九五三m）、御岳山（九二九m）、大菩薩嶺（二〇五七m）、三頭山（一五三一m）、高尾山（五九九m）などをあげることができます。四万十帯の中の小仏層群という、九〇〇〇万年ほど前（白亜紀）の付加体でできています。雲取山は山頂まで亜高山針葉樹林に覆われた、あまり特色のない山ですが、東京都内で最高峰であるため、元日などには多くの登山者がやってきます。

三頭山は東京の檜原村と山梨県の小菅村の境にある山で、都内には珍しくブナ林があり、都民の森に指定されています。この山では七五〇万年前、小仏層群の砂岩や泥岩の中にマグマが貫入してきました。マグマはその後、冷えて現在では石英閃緑岩の岩体になっていますが、この貫入によって小仏層群の砂岩や泥岩は焼きを入れられて硬い硬砂岩に変化しました。三頭の大滝から山頂方向に向かって延びる沢を三頭沢と呼びますが、

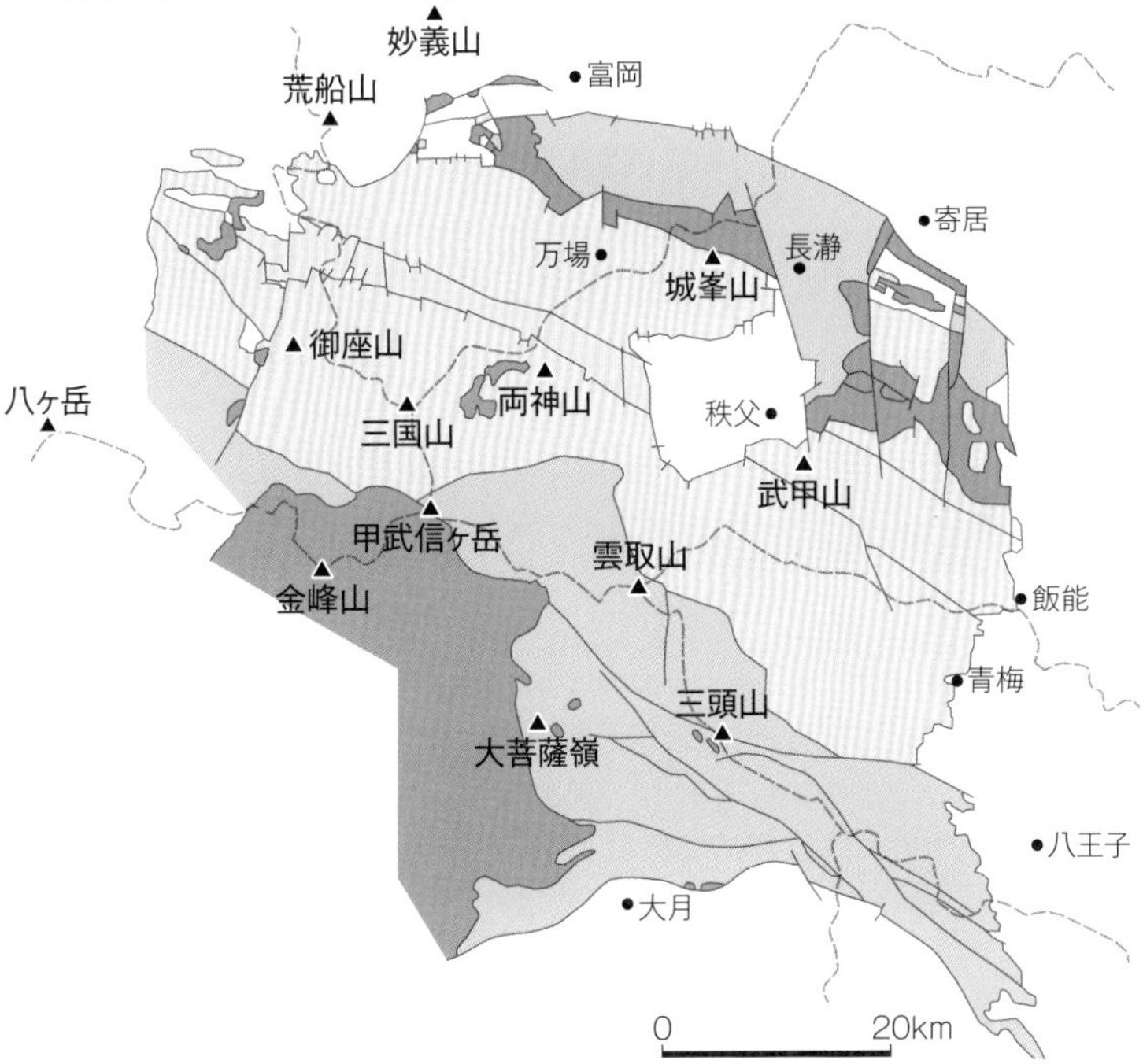

三波川変成岩類
白亜紀（一部はジュラ紀）の付加体が約 7000 万年前に変成してできた低温・高圧型の広域変成岩

御荷鉾緑色岩類
緑色岩（変質した海底火山噴出物）からなるジュラ紀の付加体（火山島・海台など）が弱変成

秩父累帯
緑色岩・石灰岩・チャート・泥岩・砂岩などからなるジュラ紀の付加体。かつて“秩父古生層”と呼ばれた。

四万十帯
緑色岩・石灰岩・チャート・泥岩・砂岩などからなる白亜紀～古第三紀の付加体

山中地溝帯
秩父帯の大陸棚に堆積した白亜紀の浅海性堆積物で、泥岩・砂岩・礫岩などからなる

花崗岩類
花崗岩閃緑岩（約 1100 万年前）や両神山付近に複数の小岩体に分かれて分布する秩父トーナル岩（約 600 万年前、秩父鉱山の接触交代鉱床）を生成

図11-9　関東山地の地質図

筆者らはすぐ南隣の沢・ブナ沢で地質と地形、森林の樹種の関係を調べました。それによると、地質と斜面の形の関係は図11-10のようになっていました。

図11-10のL4のみ石英閃緑岩地の斜面の断面図で、傾斜はなだらかで、崖は見られません。一方、L1からL3の断面は硬砂岩地域の斜面形です。こちらは傾斜が急な上、斜面の途中に高さ五mから一〇mを超えるような崖がいくつも現れます。図は縦横が同じスケールで示してありますので、いかに危険な斜面か分かるでしょう。

斜面に生育する樹木の種類を見てみると、石英閃緑岩地では土壌が厚く、ブナが優勢で、それにイヌブナとミズナラが混じります。一方、硬砂岩地域では浸食によって尾根筋と谷筋がはっきり分かれます。尾根筋では土壌は薄く、樹木はイヌブナとミズナラが優勢で、わずかにブナが混じります。また稜線近くでは主にツガとモミが分布します。谷筋ではヒトツバカエデが優勢です。

三頭山では故鈴木由告氏と私が、ブナは大木ばかりで、後継ぎが育っていないので、今あるブナが枯れてしまえば、この山のブナは滅びてしまう危険があると指摘し、ブナが発芽したのは三〇〇年くらい前の小氷期という寒冷な時期だった可能性が高いと述べました。このテーマは当時の若い研究者に受け継がれましたが、学会での彼の発表は偉い先生方から激しく批判されました。しかしその後も調査が行われた結果、現在では大筋で認められているようです。

次に高尾山について触れます。この山は東京郊外の八王子市にあり、都心から電車で一時間も乗れば山麓に着き、途中までケーブルカーやリフトで登ることもできます。ま

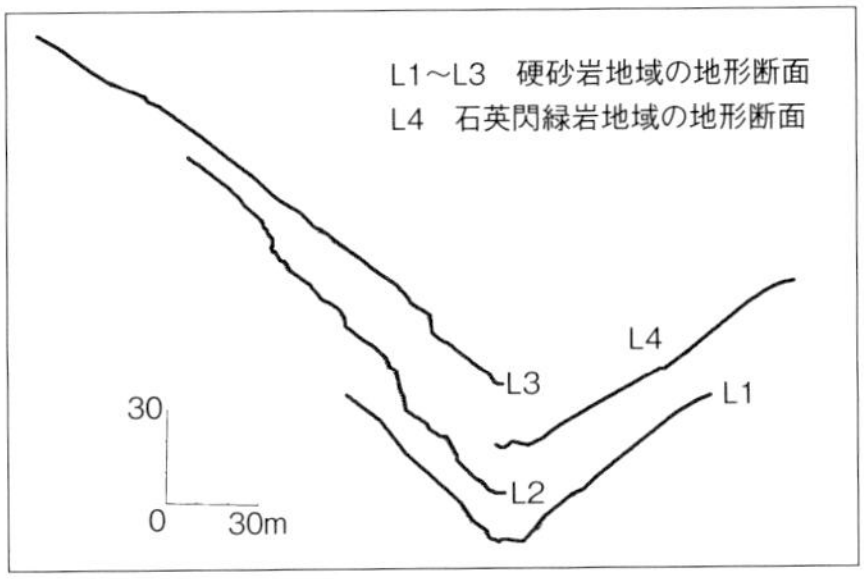

図11-10
地質と斜面形の関係

たミシュランの三つ星に選ばれており、外国人にも大変人気があります。このため頂上に向かう登山道はいつも混みあっていて、外国人を含めた登山者は年間四〇〇万人に迫ると推定されています。

ただあまり知られていないのですが、高尾山は植物の種が豊かで、一九六六年に専門家が調べた結果を見ると、西隣りの陣馬山を含めた数字ですが、一六〇〇種を数えました。この数は屋久島にこそ及びませんが、植物の種類の多いことで知られる白馬岳や北岳よりも多く、標高が五九九mにすぎない小さい山であることを考えると、奇蹟としか言えない数字です。植物が多いと当然、昆虫や哺乳類も多くなり、高尾山はかつて昆虫の宝庫でした。

しかし国土交通省はこのかけがえのない山の中腹に圏央道のトンネルを掘ってしまいました。なんとも恥ずかしく罰当たりなことをしたものだと呆れてしまいます。将来の悪影響が危惧されます。

高尾山のブナも三頭山と同様、大木ばかりです。一〇年あまり前、私のゼミの女子学生に卒業論文のテーマとして生育場所と直径を調べてもらいましたところ、合計で八六本という数字が出ました。もうわずかしか残っていません。毎年、何本かは枯れていますので、現在では七〇本を切っており、近い将来、なくなってしまう可能性が高そうです。

4.紀伊半島から四国・九州の四万十帯

紀伊半島では高野山（九八五m）やその南の護摩壇山《ごまだんざん》、さらに南の大塔山《おおとうざん》（一一二二m）

図11-11　高野山奥の院の墓所――樹木はコウヤマキ

や法師山など熊野地方の山々が入ります。高野山は空海が真言宗の総本山・金剛峯寺《こんごうぶじ》を置いたところです。海抜八〇〇mほどの高地に、周りを山に囲まれた小さな盆地があり、そこに金剛峯寺を始め、多数の寺院や墓所などの宗教施設があります。最盛期にはこの山に僧侶が三〇〇〇人もいたといいますが、食料などこれだけの人数に必要な大量の物資をどうやって運び上げたのか、不思議でなりません。専門の運搬業者がいたのでしょうが、あの急な坂道をよく運び上げたものです。

また奥の院の墓所には二〇万基と言われる石づくりの墓がありますが（図11－11）、これもどうやって運び上げたのか不思議です。この墓所の内部や周辺の山々には針葉樹のコウヤマキがたくさん生えています。コウヤマキは日本固有種で、高野山から名前を取っていますが、分布は紀伊山地、木曽谷から飛驒高地辺り、四国山地、九州山地の一部などに限定されています。なぜこんな分布を示すのか、分かっていません。

四国では四国最高峰剣山（一九五五m）や三嶺《みうね》（一八九四m）が四万十帯の領域に含まれます。剣山は山頂部が草原

図11-12　剣山の山頂部

図11-13　四国カルスト

図11-14　八釜の甌穴群

や笹原になっていますが（図11－12）、そのところどころに石灰岩やチャートが露出しているのが見えます。山頂の剣山神社のご神体は石灰岩の大きな岩でできています。

　四国カルスト（図11－13）のすぐ北側は仁《に》淀《よど》川の最上流に当たり、一五〇〇mクラスの山々が連なります。ここには国の天然記念物に指定されている八《や》釜《かま》の甌穴《おうけつ》（河床や河岸の岩面にできた丸い穴）群があります。白ないし灰色のチャートの基盤を削り込んでできた、みごとな甌穴群を観察することができます（図11－14）。宇和島の南には鬼ヶ城山と滑床渓谷があります。

　九州では球《く》磨《ま》川の源流にそび

える市房山《いちふさやま》（一七二一ｍ）やその東方にある尾鈴山《おすず》、臼杵八代《うすきやつしろ》構造線の南側に当たる国見岳（一七三九ｍ）や向坂山《むこうざか》、日之影温泉や椎葉村付近の山々など九州山地の主要部、人吉盆地と大口盆地の境にそびえる国見山地、出水山地、宮崎県南部の鰐塚《わにつか》山地やブナ林の南限として知られる高隅《たかくま》山地（最高峰は高隅山（一二三六ｍ））、さらに肝属《きもつき》山地辺りが四万十帯に入ります。

5.四万十帯後期付加体のつくる地形

四万十帯の堆積は古第三紀になっても続き、付加体の形成も引き続きます。しかし堆積の時期が新しいので、まだ高い山地をつくるまでには至っていません。このころ堆積した代表的な四万十帯は紀伊半島の南部や四国の南部の海岸で見ることができます。

紀伊半島の南部の海岸では有名な「天鳥《あまどり》の褶曲」（別名フェニックスの褶曲）を見ることができます（図11－15）。これは厚さ数十㎝の砂岩層と泥岩層の互層が二回大きく折りたたまれた形をしています。和歌山県西牟《む》婁《ろ》郡すさみ町の海岸にあり、きわめてダイナミックな動きを感じさせるため、南紀熊野ジオパークの目玉商品となり、「日本の地質構造百選」にも取り上げられています。

私たちが最初にここを訪ねたとき、もらった三枚の地図が皆違っていて、私たちは現地に着くことができませんでした。翌日、町役場に電話して役場の職員に来てもらい、ようやく現地にたどり着いたのですが、海岸の崖を下りるための目印の看板がさびて倒れ、草の中に埋もれている始末で、来てくれた役場の職員には、こんな危険な崖を下りられて事故でも起こされたら大変だ、と思っている様子が見え見えでした。しかしその後、ここも南紀ジオパークとなり、天鳥の褶曲も晴れて世に出ることになりました。本当によかったと思います。ここのジオパークには天鳥の褶曲以外にも、素晴らしい見どころ（ジオサイト）がたくさんありますので、ぜひ訪ねてみてください。

6．南四国・芸西海岸を訪ねる

一九九〇年、平朝彦の『日本列島の誕生』（岩波新書）が刊行されました。プレートテクトニクスに基づいて日本列島の生い立ちを紹介した本はおそらくこれが初めてだったと思います。けっこう難しい本なのですが、私たちはこの本を一生懸命読み込み、未知の分野についての知識を蓄えました。大変な名著だと思います。

ところでいささか変則なのですが、当時、私が大学で行っていた自然地理学のゼミには、いつも七、八人の社会人の方が参加し、ゼミの議論に参加していました（延べだとこの倍くらいになります）。ゼミのＯＢにときどきゼミに参加する人がいて、そこから口コミで社会人に広がったようです。社会人の方は会社などを退職された方がほとんどで、主婦や現役の人もおられましたが、知的なレベルが驚くほど高い人たちばかりでした。遠くから参加される方もおられ、今考えると、毎週参加するのは大変だっただろうと思います。ただ社会人にとってゼミの議論は面白く、

図11-15　天鳥の褶曲（西田進氏提供）

退職後の知的レベルを保つのに格好の場だったようです。また野外調査のお手伝いも初めてのことが多く、分野違いのため楽しい体験になったようです。逆に、私や学生諸君にとっては六〇代の方々の知恵や経験は得がたいものでしたし、野外調査を手伝ってもらえるのもありがたいことでした。もっとも学生や院生諸君にとっては、経験豊富な社会人からときどき厳しい指摘や質問があり、しばしば立ち往生してしまう怖い場でもありました。私が弁護に回らざるを得ないこともありましたが、「小泉ゼミは厳しいからやめた方がいいよ」という口コミにも拘わらず入ってきた学生ばかりでしたから、他大学の学生を含め、総じてレベルの高い学生がそろっていました。後に博士号を取得する学生も少なくなく、変わったゼミでしたが、全体としてみれば、問題点よりもいい点の方がはるかに多かったと感じています。

さて話が本筋から外れてしまいましたが、そのうち社会人の皆さんから、平さんのフィールドをぜひ見たいという声が出てきました。私もその通りだと思いましたので、紆余曲折の末、ゼミの巡検を四国でやることにしました。社会人の皆さんにはそれに加わってもらうことにしたのです。

さっそく向かったのが、高知県の土佐湾に面する芸西海岸です。ここは平さんの調べた現場で（図11－16）、南太平洋の海底で生まれ、一億年近くもかかって日本列島にやってきた玄武岩やチャートなどの岩石が見られます。図11－17はそうした岩石を見て喜んでいる社会人の皆さんです。付近にはタービダイト起源の砂岩や泥岩からなる層も見られます。

図11-16　ほとんどチャートからなる芸西海岸の海食崖（左）と玄武岩からなる小島

図11-17　付加体の岩を見て喜ぶ人たち

第2章で紹介した図2－3は平の図を一部変更したものですが、私たちも現場で見てようやく付加体のできるメカニズムが理解できました。石を見て喜ぶ社会人は珍しいと思います。このうれしそうな顔を見てください。ほかにも四国各地を見学し、この年の巡検は大変有意義なものとなりました。

第12章

四万十帯と同じころの地層や貫入した岩体からなる山々

この章では四万十帯と同じころに生じた岩体や地層について紹介します。

白亜紀後期~末期の一億年前~七〇〇〇万年前ごろの岩と地層です。

1. 岩手県北部の花崗岩岩体

白亜紀には東北日本はユーラシア大陸の東の縁にありましたが、当時はイザナギプレートそのものが高温の海嶺を合わせて日本海溝から沈み込んだと考えられており、そのため火山フロントは現在より日本海溝に近い、北上山地の中央部を通る縦線上にあったと推定されています。このときの火成活動により北上山地一帯では大小の花崗岩の岩体ができたほか、火山活動により火山岩類が生じました。花崗岩の岩体は内陸の遠野付近や宮古付近、久慈市北方、田野畑村付近、南の陸前高田市付近などに見られ、北上山地の約四分の一を占めています。この火成活動の際、マグマから分離した熱水の働きにより、釜石鉱山を始めとする各地の鉱山や、平泉の藤原氏の繁栄を支えた金や銀などの金属鉱床ができたと考えられています。

この時代の花崗岩からなる山としては、北上平野を挟んで岩手山に対面するようにそびえる姫神山（一一二四m）があります。端正なピラミッド型の山容で知られ、山頂部は花崗岩の露岩地となっていて大きな岩がごろごろしています。中腹にも岩塊斜面があります。かつてはこの山にも金山がありました。

早池峰山のすぐ南に小田越を挟んで対峙しているのが薬師岳（一六四五m）です。この山も花崗岩からなり、アオモリトドマツやダケカンバの樹林を登っていくと、ところどころに大きな岩が見えます。山頂部には岩塊が露出していて、ハイマツが生育しています。樹林の林床にはオキナグサの大群落があります。

釜石市の南西にある五葉山（一三五一m）も白亜紀の花崗岩からなります。三陸沿岸では一番高く、リアス海岸を展望できます。山頂付近にはハイマツ、コケモモ、ガンコウランなどの高山植物が生育し（図12－1）、ゴヨウマツやヒノ

図12-1　五葉山のハイマツとガンコウラン

図12-2　五葉山山頂部の岩塊

図12-3　姫浦層群地域に生じたケスタ地形　左側がなだらかな背面になっている

キアスナロ（ヒバ）、ヒノキ、ツガの天然林も見られます。山の名前はこのゴヨウマツに由来するとされていますが、藩政時代に伊達藩の「御用山」になっていたからだという説明が正しいようです。山頂部には花崗岩の奇岩や岩塊が突出しています（図12－2）。

八戸市の南にある階上岳《はしかみ》も花崗岩の山で、牛が伏せたような形をしています。山頂からの展望がよく、ヤマツツジの大群落で知られています。二〇一一年の大震災の後、種差《たねさし》海岸などとともに三陸復興国立公園に編入されました。

2.宮古層群・久慈層群

白亜紀の一億一〇〇〇万年前ごろ、北上高地は大陸東岸の浅海となり、そこに宮古層群という名前の地層が堆積しました。この地層からはアンモナイト、三角貝、六放サンゴなど多数の化石が産出し、日本の白亜紀を代表する地層となっています。岩泉町の茂師《もし》からはモシリュウと名づけられた恐竜の化石も発見され、日本での恐竜化石の皮切りとなりました。さまざまな化石からは浅く暖かい海だったことが推定されます。この地層は久慈市付近や、田野畑村から宮古市にかけての海岸沿いの岩盤をつくっています。

これより少し時代が下がった白亜紀の後期（一億年ほど前）には、久慈地方に久慈層群と呼ばれる地層が堆積しました。地層にはカキや甲殻類、海生爬虫類のほかに被子植物の化石も含まれ、堆積物環境は浅海から陸成に変化したと考

図12-4
鹿島断崖

えられています。この地層は琥珀が産出することで知られていますが、これは当時多かったマツなどの植物の樹脂が化石化したものです。

3.九州の白亜紀後期の地層

白亜紀の後期～末期に当たる八〇〇〇万年前から七〇〇〇万年前ごろ、九州の西部から南部にかけての地方では、河口に近い干潟や内湾の浅い海、沿岸域や大陸棚に続く斜面、さらには海盆と呼ばれる海底の広い凹地に、砂や泥が交互に堆積し、厚い地層（海成層）ができました。この地層は熊本県の天草諸島や宇土《うと》半島、鹿児島県の甑《こしき》島などに分布しており、熊本県では肥後層、甑島では姫浦層群と呼ばれています。いずれの層からも恐竜や翼竜、ワニ、カメなどの陸上の動物化石や植物化石と、アンモナイト、二枚貝、ウニなどの海生の動物化石が見つかり、能登半島辺りの手取層群とならんで恐竜の化石で有名なところとなっています。

天草市までは、傾斜した肥後層がケスタ地形をつくっているのが見えます。傾斜した地層の面が、背面と呼ばれるなだらかな斜面を形成しています（図12－3）。

図12-5　カノコユリの生育する草原

図12-6　鹿島断崖の草原に咲くカノコユリ

甑島は鹿児島県の薩摩川内市の西、三〇kmほどの海上に浮かぶ列島で、三つの島で構成されています。薩摩川内市に合併される前は四つの村がありました。黒潮から分かれた対馬暖流がそばを流れるため、異国船の往来があり、薩摩藩は防衛のため四つの港に藩士を駐留させ、それが村になったといいます。今でも残る武家屋敷がかつての面影をしのばせます。

地質は下甑島の半ばから南に花崗岩が分布しますが、残りはほぼ姫浦層群です。この地層は白黒のみごとな互層からなり、高さ二〇〇mもの海食崖をつくります。代表的な断崖は鹿島断崖と呼ばれ、五kmほどにわたって切り立った海食崖が続きます（図12－4）。その一部の強風が吹き上げるところに草原ができ、そこにカノコユリというピンクのまだら模様のユリが生えています（図12－5・6）。かつてはアメリカに輸出されたこともあったそうです。

甑島の海岸にはナポレオン岩という名所もあります（図12－7）。

下甑島の花崗岩と白亜紀層の接するところには瀬尾観音滝という、立派な滝ができています（図12－8）。この滝の成因も面白いものです。先にあった白亜紀層に後から花崗岩が貫入してきたのですが、その高熱により堆積岩は焼きを入れられ、ホルンフェルスという硬い岩石に変化しました。その後、長い年月の間に相対的に軟らかい花崗岩は風化や浸食の作用を受けて高度を下げたのですが、ホルンフェルスの方は硬くて低下しないため、両者の間に崖ができ、そこに滝がかかったということなのです。

図12-7　ナポレオン岩

図12-8　瀬尾観音滝

第13章 北海道の山々の生い立ち

一三〇〇万年あまり前、北海道では、渡島半島の部分と、東から移動してきた北海道胴体部、それに根室辺りの東部が合体して一つの島となりましたが、そこへさらに白糠丘陵や知床半島を先端とする千島弧の南部が衝突してきました。その衝突の圧力で日高山脈が隆起を始めます。また夕張山地でもその余波を受けて隆起しました。

日高山脈ではその後、隆起した部分を構成していた地層が浸食によって次々に削り取られ、現在では地下深部にあった岩石が山脈の主稜部に露出しています。これが日高変成岩です。

日高変成岩帯は、図13－1に示したように、西帯と主帯に分かれますが、西帯はオフィオライトや橄欖岩からなり、主稜線の西側に帯状に分布します。一方、主帯はもともとマントルの構成物質である橄欖岩が一番下にあり、上に向かって順次堆積していた層が東側から押されたために、地層が立ち上がり、羊羹の切り身を並べたような地質の配置ができあがりました。

幌尻岳（二〇五二m）を始めとする日高山脈はカールやU字谷などの氷河地形の発達の

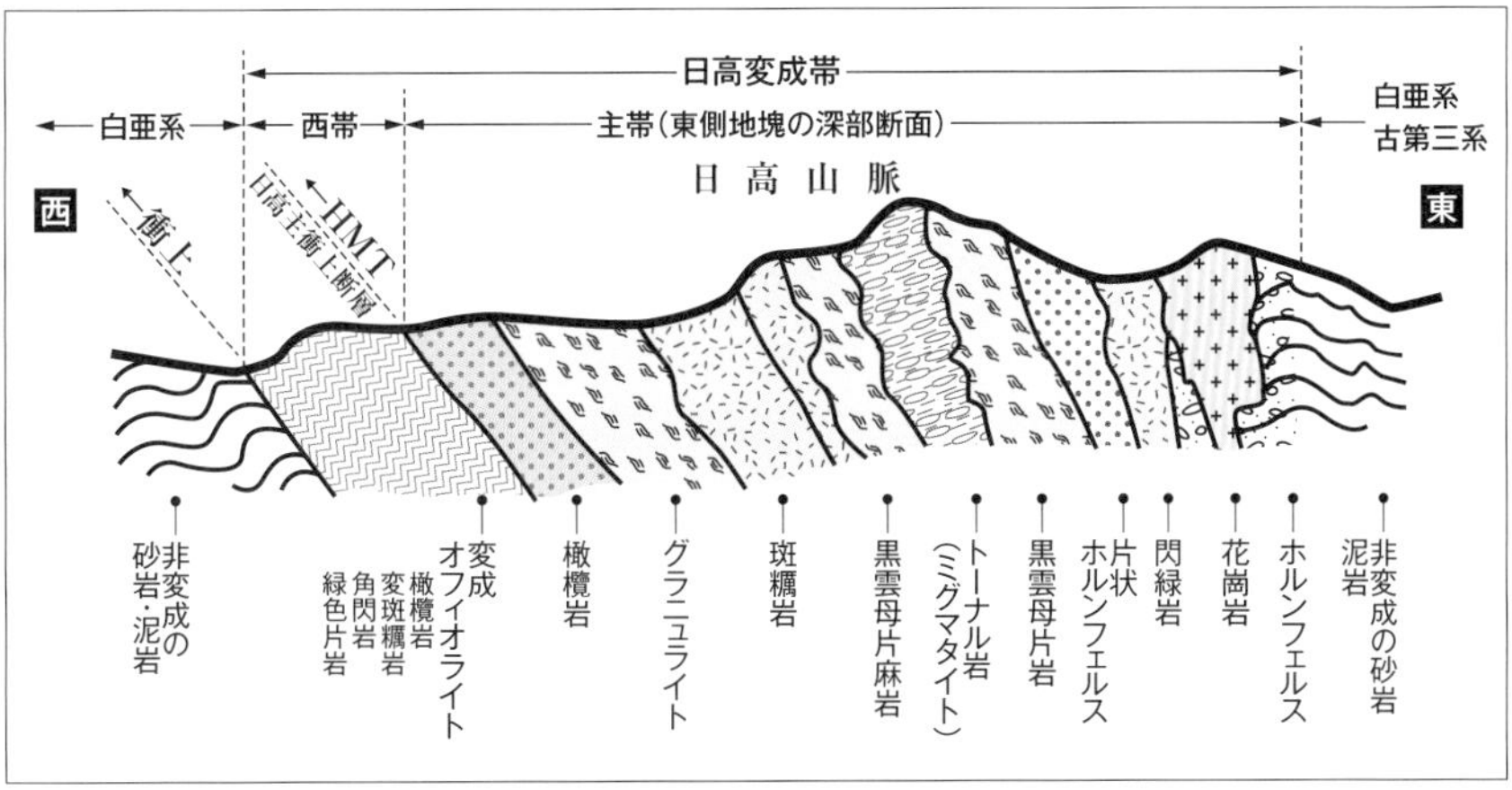

図13-1　日高山脈主稜部の地質(東西断面)

図13-2　戸蔦別岳から見下ろした七ツ沼カール

図13-3
橄欖岩からなるアポイ岳

よいことで知られており、とくに幌尻岳には七ツ沼カールがあって、美しく神秘的な風景をつくり出しています（図13－2）。すぐそばにある戸蔦別岳《とったべつ》（一九五九ｍ）は橄欖岩からなり、そこの強風地にはさまざまの蛇紋岩植物が生育しています。

アポイ岳と夕張岳

襟裳岬に近いところにあるアポイ岳（八一一ｍ）は日高山脈の主稜線からは外れていますが、この山をつくる橄欖岩も本来、マントル上部をつくっていた岩石です。硬い岩石であるため、浸食から免れ、稜線上に露出することになりました（図13－3）。この山も標高の低いところに分布する特異な高山植物の存在で知られています。

日高山脈の西側には並走する夕張山地があります。この山地には夕張岳や崕《きりぎし》山《やま》、芦別岳といった個性的なピークがあり、特異な植物や地質で知られています。中でも夕張岳は全体がメランジュからなり、風化しやすい蛇紋岩が卓越しますが、その一部は崩壊地状の砂礫地となってそこにユウバリソウなど夕張岳の固有種が多数分布します（図13－4）。これに対し、変成岩は硬いため、浸食に抵抗して突出部をつくります（図13－5）。これをノッカー地形といい。ガマ岩、釣鐘岩がその典型です。夕張岳の高山帯は一九九六年、全体が「夕張岳の高山植物群落および蛇紋岩メランジュ」という名称で、国の天然記念物に指定されました。

崕山は石灰岩でできた岩峰でキリギシソウという固有種で知られています。

図13-4　固有種の多い夕張岳の蛇紋岩地の半崩壊地

図13-5　変成岩が突出したノッカー地形(夕張岳)

第14章 二〇〇〇万年前の地質からなる山々

二〇〇〇万年前ころ、日本列島は大陸から分離し始めます。日本海が開いて日本列島が現在のような形に変わりますが、その際、地下深くで地殻が割れ、海洋底が現れたため、日本海の海底では火成活動が盛んになりました。たとえば佐渡島付近の海底では、先ぶれの火成活動が二五〇〇万年前から始まり、玄武岩や安山岩~デイサイト質の溶岩の噴出と、グリーンタフや火山砕屑物《さいせいぶつ》の堆積が起こりました。また一部では流紋岩の溶岩が陸上で堆積しました。佐渡島は移動を途中でやめた陸地と考えられており、そこの地質を調べると、日本列島が分離し始めたころの動きを知ることができます。

1. 佐渡島

佐渡島の北側の山地に当たる大佐渡山脈は多数の金銀鉱床が分布することで知られていますが、ほとんどが当時堆積した相川層などに貫入してきた熱水性石英脈の中にあります。これは二三〇〇万年前から一八〇〇万年前にかけて火山性のマグマから、金銀を含む熱水が上がってきて割れ目に入って沈殿したものです。佐渡金山の熱水鉱床はこの

図14-1　枕状溶岩からなる筍岩

ようにして形成されました。

佐渡島の南端に位置する小木海岸では、枕状溶岩（図14－1）やドラ焼きを重ねたようなピクライト質玄武岩（橄欖石に富む超苦鉄質火成岩、ドレライトともいう図14－2）

図14-2　小木半島神子岩のピクライト質玄武岩（ドレライト）の板状節理

の貫入がありました。これは海底すれすれまで上昇してきたマグマが冷やされて固まったものだと考えられています。柱状節理と板状《ばんじょう》節理を合わせたような不思議な形をしており、世界的にみても珍しいものです。この玄武岩の年代は若干若くなり、一四〇〇万年前〜一三〇〇万年前と推定されています。

枕状溶岩は通常、プレート境界に当たる中央海嶺でできるものですから、小木海岸のような事例は珍しいものです。

佐渡島はその後、日本海の海中に沈み、火山性の堆積物の上に海成層が堆積しました。佐渡島がふたたび、陸上に現れるのは約三〇〇万年前です。このころから日本列島にかかる東西方向からの圧力が強まり、東北地方では奥羽山脈など三列の山並みに加えて、日本海の東縁に近いところで新たに二列の褶曲軸が生じ、隆起した背斜部が島や半島になりました。男鹿半島から飛島、粟島を経て弥彦山地に延びるのが第一列、奥尻島から渡島大島、最上堆を経て佐渡島、能登半島に続くのが第二列に当たります。

2.佐渡島・尖閣湾と平根崎

佐渡島では、ほかに大佐渡海岸の北西側を限る外海府《そとかいふ》海岸で、二〇〇〇万年前に陸上で堆積した流紋岩の溶岩がその後隆起して波の浸食を受け、何段もの平坦な海岸段丘を形成しました。このうち一番新しい段丘面は海抜二〇mほどの高さにあり、そこを波が複雑な形に浸食してできたのが、尖閣湾です（図14－3）。

尖閣湾の名前は、地質学者・脇水鉄五郎がノルウェーのハルダンゲルフィヨルドを訪

図14-3　尖閣湾

ねたときのことを思い出してつけたとされていますが、何となくスピッツベルゲン島（尖った山の意味）から着想したようにも思えます。

ところで尖閣湾の北に平根崎という、岩石海岸があります。この海岸では、海側に向かって傾いた石灰質砂岩の岩盤に、無数の大きな甌穴（ポットホール）ができていて（図14－4）、国の天然記念物に指定されています。甌穴は全体に大きいものが多く、直径一mを超えるようなものが少なくありません。深さも一m近くあります。

ここの甌穴は現在の波の浸食でできたものとされており、だれもそのことを疑わないようです。しかし高いところにある甌穴は海面から二〇m近くも上にあり、いくら冬の日本海の波が荒くても、ここまで大きな礫を持ち上げて甌穴をつくる（甌穴は岩石の窪みに礫が入り、渦流で回転して削ることでできる）のは無理なことのように思われます。波打ち際に幅数mの平坦地があり、そこにある小さな甌穴と、その陸側にできたノッチ（凹み）だけは、現在形成中の地形とみなすことができますが、それを除けば現成とするのは困難だと私は考えました。

甌穴のできている岩盤は、貝化石をたくさん含むことで有名な下戸《おりと》層という地層の表面が露出したもので、従来の見解では、この地層は佐渡島の隆起に伴って傾斜したものだとされてきました。しかし私は、佐渡島の周囲には必ず分布している海成段丘が、ここだけ発達しないことから、この解釈は無理だと思います。

また図14－5には、中央の甌穴の背後に、礫がごちゃごちゃと固まったような赤褐色をした奇妙な堆積物が写っています。これは何でしょうか。調べてみると、この堆積物は火山性の凝灰角礫岩であることが分かりました。どうやら下戸層の堆積の末期に近くにあった火山から流れてきて、まだよく固まっていなかった下戸層にめりこむように堆積し、固まったようです。堆積の時代は一五〇〇万年ほど前でしょう。

こうした事実から私は次のようなストーリーを考えました（図14－6）。下戸層は堆積後、赤褐色の凝灰角礫岩を載せたまま海中に没し、その上には泥や砂など海成層が堆積しました。深い海の中で長い時間が経過し、下戸層は数十万年前、佐渡島の隆起に伴って陸上に現れます。しかし上に載っていた海成層は軟らかいため、浸食で剝ぎ取られ、地層の表面が再び露出することになりました。そしておそらく約一三万年前の海面が高かった時期（最終間氷期）に波による浸食を受け、表面に無数の甌穴ができたと思われます。おそらく現在の小木海岸の隆起波食台のような景観だったでしょう。

その後、地球は最終氷期に向かって寒冷化しますが、それに伴って海面も一〇〇m余り低下します。それによって甌穴のある地表面は段丘化しますが、そのうち下部が海の

図14-4　平根崎の甌穴群

図14-5　凝灰角礫岩

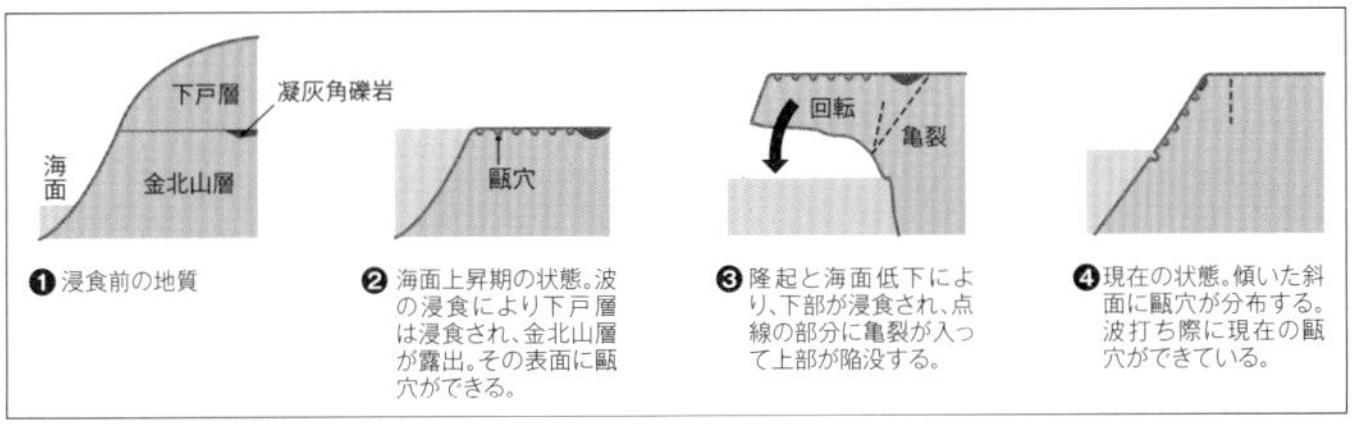

図14-6　平根崎の甌穴の形成過程

浸食によって大きくえぐられ、ついには張り出した部分が割れて落下し、甌穴や凝灰角礫岩を載せたまま傾いてしまいました。それが現在の姿だと思います。

図14-7　割れた岩盤

平根崎を歩くと、岩盤が割れて段差ができたところがあります（図14－7）。これは筆者の仮説を裏付けるものだと思っています。いずれにしてもここの地形にはいろいろ謎が残ります。新しい発想で謎解きに挑む若い研究者の出てくれることを期待します。

図14-8　男鹿半島・館山崎の2000万年前に堆積した火山砕屑物とグリーンタフ

3. 男鹿半島

男鹿半島でも半島の南側の海岸に沿って、日本海ができ始めるころの火砕岩（火山砕屑岩）から、日本海の深い海底に堆積した泥岩、さらには日本列島ができあがったころの火成岩までを順番に観察することができます（図14－8）。男鹿半島は現在、かつての八郎潟が干拓されてできた大潟村を合わせて「男鹿半島・大潟ジオパーク」に指定されています。ジオパークのガイドに案内を頼んで観察会を行えば、実に興味深い巡検ができますから、ぜひ一度、ご覧になってください。

第15章

一四〇〇万年前の火成活動でできた山々

日本海が開き、日本列島ができた直後の一四〇〇万年前、できたてで温度の高いフィリピン海プレートが西日本の沖合に当たる南海トラフ（海溝）に潜り込み始め、海溝に近いところで大量のマグマが発生しました。そのため西日本の各地で、安山岩の噴出や花崗岩の貫入が相次ぎました。

この時期にできた代表的な山々としては、南アルプス北部の甲斐駒ヶ岳や鳳凰山、関東山地の甲武信《こぶし》ヶ岳、金峰山《きんぷさん》、瑞牆山《みずがきやま》をあげることができます。この一帯には、広い範囲にわたって花崗岩が貫入し、その後の侵食で岩峰や昇仙峡の峡谷ができました。

図15-1　左奥:甲斐駒ヶ岳、右:摩利支天

1. 甲斐駒ヶ岳と瑞牆山

甲斐駒ヶ岳（二九六六m）は甲府盆地や中央本線の小淵沢付近からよく見えるピラミッド形の鋭鋒で、その尖った形は隣の鋸《のこぎり》岳やなだらかな鳳凰山と並んで大変目立ちます。山体の上部は、肩にある摩利支天の高まりも含めて花崗岩でできており、植被が乏しく岩盤が露出しています（図15－1）。

図15-2　仙水峠付近の岩塊斜面

この山では仙水峠付近の岩塊斜面も興味深い存在です。これは図15－2に示したような、径数十㎝から二、三mもある岩が累々と堆積したもので、甲斐駒ヶ岳の肩に当たる駒津峰（二七五二m）の東斜面や反対側のアサヨ峰に登る斜面に大きく広がります。ただ岩塊斜面を構成する岩塊は不思議なことに花崗岩ではありません。この岩はもともと四万十帯の泥岩や砂岩だったのですが、甲斐駒の花崗岩の貫入により、焼きを入れられてホルンフェルスという硬い岩になりました。それが二万年ほど前の氷期に凍結破砕作用で壊され、斜面を広く覆うようになったというわけです。この斜面にはその後、ハイマツやカラマツなどの樹木が進入し、一部をカラマツ林が覆うようになりました。しかしまだ植被の入らない場所が広く残っています。筆者のみたところでは、斜面上を横から風が吹き抜ける場所がハイマツなどの進入を免れているようです。

一方、関東山地の金峰山や瑞牆山も花崗岩でできていますが、この両者は対照的な形を示します。金峰山は花崗岩の岩塊斜面が広がり、その上をハイマツが広く覆っていて、全体としてなだらかな斜面が広がります。これに対し、瑞牆山の方は岩塊斜面はほとんどなく、岩峰や岩壁が卓越し（図15－3）、樹木もコメツガやネズコ、サワラなどの岩角地に強い針葉樹が生育しています。隣りあった山なのに、なぜこん

図15-3　瑞牆山と岩峰（上）

図15-4　那智の滝　後ろの壁が花崗斑岩でできている

図15-5　串本の橋杭岩　手前の岩は津波石

な違いが生じたのかよく分かっていません。

2. 熊野酸性岩体

紀伊半島の南部には熊野酸性岩と呼ばれる花崗斑岩が貫入してきました。

この酸性岩は現在の南紀州の景勝地の形成に非常に大きな役割を果たしています。たとえば有名な那智の滝はその花崗斑岩という岩体の縁の部分にかかった滝です。南側は熊野層群という堆積岩に接していましたが、こちらの方が軟らかいために速く浸食され、残った花崗斑岩の方に滝ができました（図15－4）。

また二〇kmほど北の熊野市の海岸には「鬼が城」という名勝がありますが、ここでは流紋岩質の凝灰岩が波で浸食され、荒々しい地形をつくり出しました。

南紀州にはほかにも、「瀞八丁」とか、「古座川の一枚岩」とか、「虫喰岩」とか、串本の「橋杭岩《はしぐいいわ》」（図15－5）とか、いくつもの名勝がありますが、いずれも貫入してきた岩脈が浸食に抵抗してできたものです。

この時期のマグマは四国最高峰の石鎚山（一九三二m）付近にカルデラを形成したほか、屋島の溶岩台地、近畿の二上山《にじょうさん》、

図15-6　赤目四十八滝の一つ布曳滝と側壁をつくる溶結凝灰岩

図15-7　寒霞渓　全景（上）と岩峰

室生《むろう》火山群、愛知県の鳳来寺山などの火山をつくりました。石鎚山の東には、瓶《かめ》ヶ森（一八九六m）、伊予富士（一七五六m）、笹ヶ峰（一八五九m）といった高峰が連なります。石鎚山の麓に当たる面河渓《おもごけい》の花崗岩や、愛知県湯谷《ゆや》温泉の安山岩質の岩脈「馬の背岩」もこのときの貫入です。

　室生火山は三重県の名張市の南方から奈良県の室生寺付近に生じた火山で、大規模な火砕流を噴出し、堆積物は厚い溶結凝灰岩となりました。それには長い時間の間に深い谷が刻まれ、峡谷や滝ができました。香落渓《かおちだに》や赤目四十八滝はその代表のような地形です（図15－6）。

　このほか、足摺岬に露出するラパキビ花崗岩、宮崎大崩《おおくえ》山《やま》や大分県の祖母山をつくる岩峰もこの時期の形成である

図15-8　東尋坊の柱状節理

ことが明らかになっています。

瀬戸内海に浮かぶ小豆島には寒霞渓《かんかけい》という景勝地があります。九州の耶馬《やば》渓、群馬県の妙義山と並び、「日本三奇景」の一つとされています。一三〇〇万年前、ここでは大規模な火砕流が何回も発生して厚い溶結凝灰岩が堆積し、それが浸食されて現在の地形ができました（図15－7）。寒霞渓は一九三〇年代、日本で国立公園が発足するとき、瀬戸内海国立公園の核と考えられた場所です。それがどんどん拡張する形で、現在の瀬戸内海国立公園になりました。

福井県の東尋坊《とうじんぼう》は大規模な柱状節理で有名ですが、柱状節理をつくるのは安山岩の溶岩で、一三〇〇万年前から一二〇〇万年前に貫入してきました（図15－8）。

3. 屋久島

同じ時期に貫入した花崗岩に、屋久島の宮之浦岳（一九三六ｍ）や永田岳（一八八六ｍ）などの山々をつくる花崗岩があります。図15－9は屋久島南部の巨大な花崗岩の一枚岩にかかった千尋《せんぴろ》の滝です。長い間に川が

図15-9　屋久島　千尋の滝

岩盤を浸食して、この美しい景観をつくり出しました。図15－10は宮之浦岳に近い黒味岩に貫入した花崗岩の岩体です。

図15-10　宮之浦岳近くの山・黒味岩を構成する花崗岩の岩体

第16章 一〇〇〇万年前以降の新しい地質でできた山や海岸

日本海が開いて五〇〇万年ほど経つと、日本列島は比較的穏やかな時期を迎えます。しかし日本ではこのころから伊豆・小笠原弧の本州への衝突が始まり、甲府盆地の南を限る御坂山地や富士川の左岸に連なる天子山地が、南の海からやってきて本州の一部となりました。

1．御坂山地

甲府盆地のすぐ南に接している高まりを御坂山地といいます。すぐ南に富士山がありますので、甲府盆地と富士山に挟まれた山地といっていいでしょう。御坂山地は一〇〇〇万年くらい前に南の海からやってきて本州に衝突した島に当たります。御坂山地の地質は、伊豆半島と同じような海底火山の堆積物が主体で、中新世前期（二〇〇〇万年くらい前）の凝灰角礫岩、玄武岩質溶岩、火山性の礫岩などからなり、時に石灰岩を含みます。

御坂山地は東西に延びていますが、その中央部を芦川という川が西に向かって流れています。何年か前、芦川に沿って下ったことがあります。前日にかなりの豪雨があり、

図16-1　三ツ峠山　山頂直下の壁

そのため川沿いの植物は強い水流にむしり取られ、岩盤が露出していました。おかげで川沿いの岩盤の地質を見ることができたのですが、みごとな枕状溶岩が出ていて私たちを驚かせました。御坂山地はまさに付加体でできていたのです。

次に御坂山地の高峰・三ツ峠山（一七八五ｍ）について触れておきましょう。中央本線の大月駅から富士急行線に乗り換え、富士吉田方面に向かっていくと、右手に険しい山が見えてきます。これが三ツ峠山です。変わった山名ですが、これについては、峠が三つあるからではなく、山頂部に尖峰《トッケ》が三つあることから、ミツトッケと呼ばれ、それに文字をあてたという説が有力です。標高はそう高くありませんが、麓の標高は四五〇ｍくらいですので、山頂との比高は一三〇〇ｍを超え、予想を超えたきつい登りを強いられます。また山頂直下には高さ一〇〇ｍを超える、迫力のある岩壁があります（図16－1）。この岩壁は屏風岩と呼ばれ、固結した礫岩や凝灰角礫岩でできています。この崖は麓から見ても、はっきりと認めることができます。御坂山地にはこのほか、最高峰・黒岳（一七九三m）や鬼ヶ岳、節刀《せっとう》ヶ岳など、一七〇〇m台の山がいくつかあります。山地の名前の元になった御坂峠は標高一五三〇mほどのところにありますから、峠といっても一〇〇〇m以上登らなければならなかったことが分かります。まさに峠の中の峠でしたから、御坂という敬意を含む名前がついたのでしょう。

2. 陶土層の形成

第2章で紹介したように、一〇〇〇万年ほど前の日本列島は比較的平穏で、東北日本は北上高地や阿武隈高地を除き、ほとんどがまだ海底にありました。西日本は陸化していましたが、山地の浸食が進み、準平原化が進みました。中国山地に広がる準平原面（吉備高原面など）はその代表的なものです。また東日本の北上高地や阿武隈高地でも準平原ができました。当時比較的高い山地としては北海道の日高山脈があげられる程度で、本州では比高一〇〇〇mに満たない低山が卓越していました。後述するように、日本列島の山地が隆起を始めるのは第四紀に入ってからです。

当時、氷河時代の到来にはまだ間があり、地球は全体としてまだ温暖だったため、日本列島はまだ熱帯ないし亜熱帯の気候下にありました。そのため乾季はあったでしょうが、高温多湿な時期が長く、主に花崗岩や流紋岩といった岩石の化学的風化が進んで、粘土や粘土質の風化残留物や湖沼堆積物が生じました。現在、西日本各地で採掘されている陶土の多くはこの時期に生成したものです。

日本では縄文時代から粘土を使って土器がつくられてきましたが、陶器がつくられるようになるのは、意外に新しく、平安時代になってからです。当時は瀬戸、常滑《とこなめ》、信楽《しがらき》、越前、備前、丹波の六つが主要な窯業地域でした。これは後に六古窯《ろっこよう》と呼ばれるようになります。その多くが古い湖や河川に堆積した粘土質堆積物を用いいましたが、丹波では現在の三田《さんだ》市の山土と篠山《ささやま》市の田土を原料としていました。その後、秀吉の朝鮮出兵（一五九二～九八）を機に九州各地や山口県などに窯業が広がります。朝鮮に渡った武将たちが優れた技術をもつ朝鮮人の陶工を連れ帰ったのです。陶工たちは各地でいい陶土を探し出し、それを原料にして優れた陶磁器を作り出しました。有田焼や唐津焼はその代表的なもので、一五〇〇万年前に噴出した流紋岩が風化してできた、天草の真っ白な陶石を原料にしています。

3.三浦半島・荒崎海岸と城ヶ島の地層

次に一〇〇〇万年前から数百万年前にかけての地層について紹介します。山ではありませんが、三浦半島・荒崎海岸には面白い浸食地形があります。この海岸では、黒い色の地層と白い色の地層が交互に堆積しており、三崎層群と呼ばれています。地殻変動により地層は六〇度くらい傾いています。白いのは砂岩の層、黒いのは玄武岩質のスコリア（火山砂礫）の層です。海底で砂が堆積しているときに、近くで何回も火山活動があり、スコリアを噴出しました。このために白い層の間に黒い層が堆積するという地層ができたのです。その後、三浦半島は隆起して地表に現れ、波の浸食を受け始めますが、

図16-2　三浦半島・荒崎海岸の浸食地形　黒いスコリア層が突出している。

図16-3
城ヶ島の地層

黒いスコリアの層の方が波の浸食に強いため、そこだけ突出することになりました（図16－2）。

三浦半島では、荒崎海岸に近い城ヶ島でも同じような海成層が堆積しています。堆積した年代は五〇〇万年前で、三浦層群と呼ばれています。こちらは砂岩や凝灰岩が主体なので、白っぽく見えます（図16－3）。

4．房総半島・チバニアンの地磁気逆転層

三浦半島や房総半島にはこうした新第三紀層やもっと新しい第四紀の海成層が広く分布しています（図16－4）。その中にはチバニアンという名称で有名になった、養老渓谷の地磁気の逆転の現場もあります（図16－5）。

チバニアンは七八万年前の松山逆磁極期からブリュンヌ正磁極期への移行を読み取ることのできる露頭です。ただ現場では褐色の湿っぽい泥の層が堆積しているばかりで、専門家の解説がないと、何が何だか分かりません。露頭の上部には七七万年前に御嶽火山から飛んできた白尾《びゃくび》火山灰が挟まれており、それによって年代が分かるのですが、この露頭はなぜそんなに大事なのでしょうか。

七八万年前から一三万年前までの地質時代の名称がまだ決まって

図16-4
房総半島南部の地質
嶺岡山に古第三紀の基盤があり、そこを挟んで南北に鮮新世や第四紀の地層が堆積している

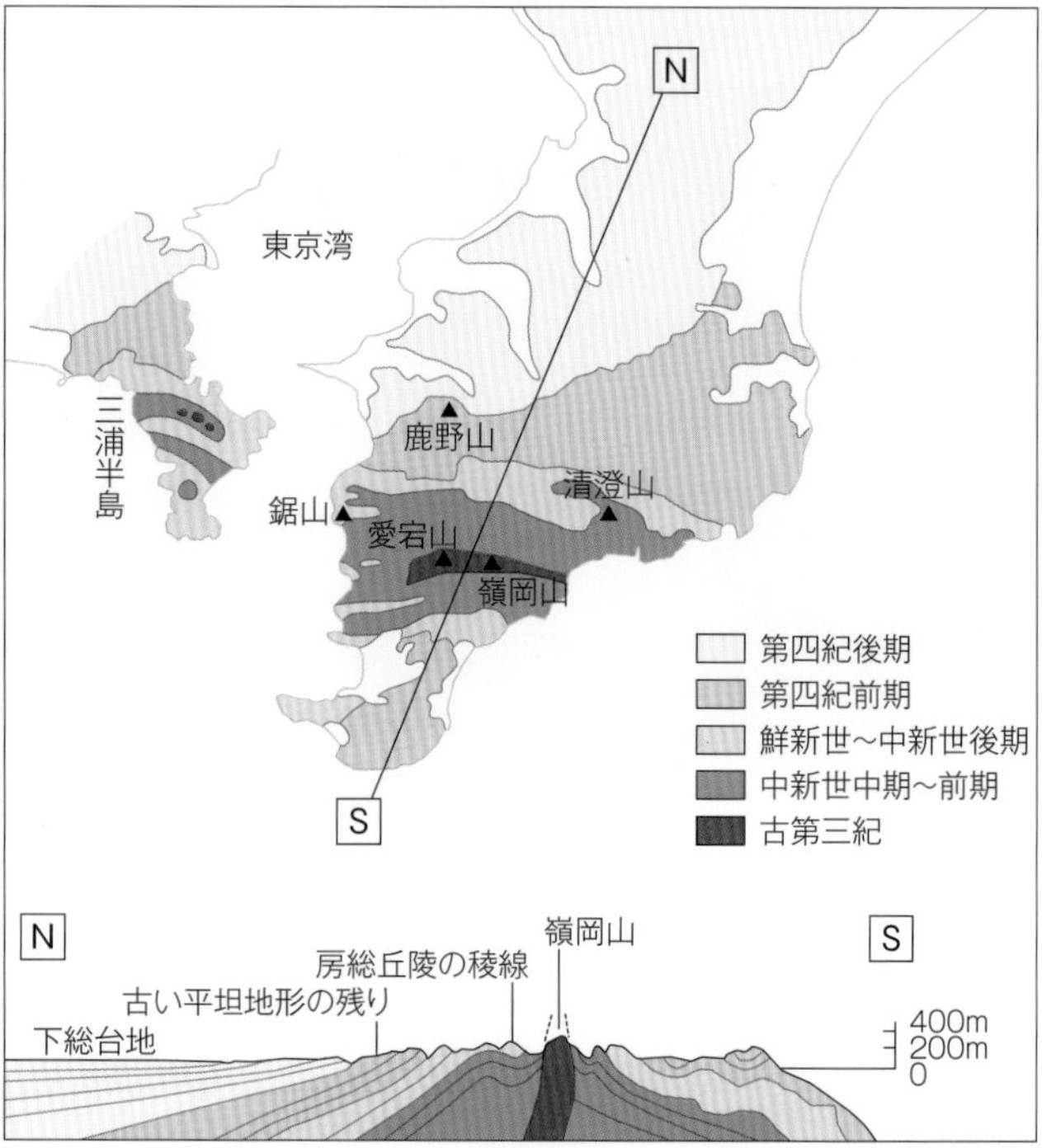

おらず、チバニアンとイタリアの二か所が命名を争っているということは聞いたことがあるでしょう。このことは新聞などでもよく報道されますから、多くの人が知っていると思いますが、そもそもなぜそんなに大事な境界の露頭が世界に三か所しかないのでしょうか。

実は七八万年前ごろの地層の露頭ができるためには、この時期以前から何百万年もの間ずっと海底にあって砂や泥が堆積し続け、その後、一〇万年前くらいになってから一転して隆起に転じ、地層が浸食されるようになる必要があります。そうでないと、陸上で露頭を観察できるようにはならないのです。このような条件を満たすところはそう簡単には見つからず、目下のところ世界中で三か所だけということなのです。房総半島の他の地域や大阪近郊や仙台近郊の丘陵地域などでももしかしたら見つかるかもしれませんが、うまく年代を示してくれる火山灰の層などが見つからないと当てずっぽうに探すしかなく、なかなか目的の層には当たらないだろうと思います。

図16-5　チバニアンの露頭（養老渓谷）と地磁気逆転の層準
下の写真の赤:松山逆磁極期、黄:移行期、緑:ブリュンヌ正磁極期を示す

図16-6　椿海岸の安山岩の柱状節理

図16-7　花崗岩とグリーンタフの混在する海岸

図16-8　流紋岩からなる象岩　柱状節理が発達している

5. 白神山地の地下への花崗岩の貫入

秋田県と青森県の県境付近に八峰白神ジオパークがあります。このうち八峰町の椿海岸では六〇〇万前～四〇〇万年前に貫入してきた安山岩の柱状節理があります（図16－6）。またこれより先、さらに北上していくと、青森県深浦町の南部にかけて、海岸に花崗岩の貫入岩体がグリーンタフと混在する形で分布しています（図16－7）。花崗岩の年代は四〇〇万年前くらいと推定されており、白神山地で一番西にある白神岳と向白神岳の隆起をもたらしたと考えられています。さらに北上すると、海岸の岩体は白い流紋岩に変化します（図16－8）。この変化の理由は不明ですが、地質を観察しながら、地形や風景を見ていくと、実に楽しいジオツアーができます。ぜひやってみてください。

第17章 六〇〇万年前から三〇〇万年前の岩からなる山々

1. 岩殿山

六〇〇万年前、日本列島には丹沢山地が衝突してきます。その際、関東山地と、衝突する直前の丹沢山地の間にあった狭い海に堆積した砂利が、衝突によって圧縮されて礫岩となりました。礫岩は硬くしまっており、浸食に抵抗して、山梨県の桂川沿いにいくつも尖った山をつくっています。大月駅のそばの岩殿山（六三四m、図17－1）や相模湖の南にそびえる石老山《せきろうざん》（七〇二m）がこれに当たります。

岩殿山は中央高速道路が山の下をトンネルで通過しており、遠目には花崗岩の山に見えます。しかし現場で岩を観察すると礫岩なので、訳を知らない人は驚きます。

石老山は相模湖のすぐ南にそびえる山で、登山道を登っていくと、次々に巨岩が現れ、登山者を驚かせます。巨岩を見ているとかつては修験の山々だったというのも納得できます。

図17-1　岩殿山とそれを構成する礫岩（下）

図17-2　妙義山の奇岩怪峰

2. 戸隠山・妙義山

一方、日本列島では四〇〇万前～三〇〇万年ほど前に火成活動が各地で盛んになりました。戸隠山や米山、妙義山や荒船山などでの溶岩や凝灰角礫岩の堆積が生じました。その理由はよく分かっていませんが、中国大陸が東に移動し、日本列島にかかる東西方向の圧力が強まったことが原因である可能性が高そうです。

群馬県西部にある荒船山（一四二三m）は航空母艦のような形をした目立つ山です。かつては溶岩台地だとされてきましたが、現在ではカルデラの形成に伴う火砕流台地だと見なされています。高さ二〇〇mを超える艫岩《ともいわ》がよく知られています。

同じく群馬県西部にある妙義山では、大分県の耶馬渓と並ぶ奇岩怪峰の景観が連続します（図17－2）。妙義山は白雲《はくうん》山・金洞《こんどう》山・金鶏山・相馬岳など、標高一一〇〇m前後のピークを合わせた総称で、南西側の表妙義と北東側の裏妙義に分かれています。稜線部は痩せ尾根が続き、その両側は高さ二〇〇mを超える切り立った断崖になっていて、危険で怖いところです。しかし山麓部では安全に石門や奇岩怪石の景観を楽しむことができます（図17－3・4）。

ここで石門のでき方を考えてみましょう。図17－3は第四石門を写したものですが、よく観察すると、石門には左上から右下に向かう割れ目のような線が走っていることが分かると思います。これは石門をつくっている溶岩や凝灰角礫岩の層の境目です。層は本来は水平に堆積したものですが、その後の地殻変動によって斜めになりました。

図17-3　妙義山·第四石門

斜めになった層のうち、溶岩層は緻密で硬いのですが、礫が火山灰で固められた凝灰角礫岩の層は個々の礫が剥落しやすいため、長い間にそこがえぐられて空洞となり、上の残った硬い部分が石門のアーチを形成するようになりました（図17－4）。

図17-4　抜け落ちた凝灰角礫岩の部分

図17-5
戸隠山

図17－2をもう一度見てください。写真は妙義山の岩峰や奇岩がつくり出した全体の風景ですが、ここでも全体が傾いた層でできていることが分かると思います。溶岩の層が浸食に抵抗して岩峰をつくり、凝灰角礫岩でできた層は削られて低木に覆われた斜面になっています。

長野県の北部にある戸隠山（一九〇四m）は、全山が海底火山の堆積物である凝灰角礫岩層からなります。大きな礫や岩塊が固まった地層は、浸食にさらされて「蟻の塔渡《とわた》り」、「剣《つるぎ》の刃渡り」を始めとする痩せ尾根をつくり出し、岩にしがみつきながら這って行くしかない危険な登山道をつくり出しました。図17－5は東側から戸隠山の全景を写したものですが、この山でも傾いた層状の構造を見分けることができます。この山もかつて多くの修験者が修行する修験道の中心地で、戸隠神社（図17－6）がその核になっていました。

3．隠岐の島・知夫の赤壁

隠岐の島は日本最古の岩で知られていますが、六〇〇〇万年前になると、島前で突然、激しい火山活動が起こります。島前は現在、実質的に四つの島に分かれていますが、六〇〇万年くらい前、一帯では玄武岩質の溶岩と赤や黒の砕屑物が噴出して、標高二〇〇～三〇〇mの鏡餅のような形のなだらかな火山が生まれました。この火山は現在の知夫《ちぶ》里島《りしま》、西ノ島、中ノ島をまとめた大きいもので、噴出源は一つでなく、各地にあったようです。知夫里島の西海岸にある「知夫の赤壁」（図17－7）は、当時の火口の断面が浸

図17-6　戸隠神社の鳥居と山門

図17-7
知夫の赤壁

図17-8
島前カルデラ
焼火神社参道より

食によって海食崖に現れたものです。なお赤い色はスコリア中の鉄分が酸化したものですが、溶岩の部分は緻密なために、酸化せず赤く変色していません。

三島にまたがる火山はその後、中央部が陥没してカルデラとなりました（図17－8）。カルデラの内側は静かな内海となり、入り江にできた港は江戸時代には北前船の風待ち港として栄えることになります。

カルデラにはその後、中央火口丘が生じました。それが島前の最高峰・焼火《たくひ》山（四五二m）です。図4－4を見ると、島前の中央に三つの島に囲まれた島が見えますが、これが中央火口丘に当たります。この山には航海の目印になった焼火神社があります。

4.島前・明屋海岸

島前にある中ノ島の北部の豊田地区に明屋《あきや》海岸があります。この海岸には、赤または黒の火山砕屑物や溶岩が高さ五〇mほどの崖に露出し（図17－9）、荒々しい景観をつくっています。

ほぼ垂直に切り立った崖は層状に堆積した赤色のスコリアや玄武岩の岩片からなり、下部には溶岩が露出しています。おそらくごく近いところで発生した火砕流の堆積物だと考えられます。発生年代は二八〇万年前となっています。

崖には植物は着いていませんが、棚になったようなところには、大陸起源で日本では中国地方の海岸にしか分布していないダルマギク（図17－10）やミツバイワガサ、オキノアブラギク、エゾオオバコといった、隠岐の固有種やレリックとみなすことのできる

図17-9　明屋海岸

図17-10　きれいなダルマギクの花

種が生育しています。

5.島後・久美海岸と壇鏡滝

道後の西半分は流紋岩や流紋岩質の火砕流堆積物からなります。流紋岩は白または灰色をした岩石で、わが国では比較的珍しい岩石です。久見海岸は島後の西北部に面し、流紋岩が高さ二〇ｍを超える灰色の海食崖を作っています。崖にはダルマギクがかなりの数生えています。崖下に堆積した土砂の上にはハマボッスなどの海岸植物に加えて、何と白馬岳の二〇〇〇ｍくらいの標高に分布するシロウマアサツキが生育しています。だれもがうそだろうといいますが、本物のようです。こんな分布がなぜ生じたのか、見当もつきません。

島の南西には那久川という小さな川が流れ出ています。この川の上流に壇鏡滝《だんきょうのたき》という滝があります。小さい川ですが、五〇ｍもの落差がある立派な滝で驚きました（図17－11）。ここでは上部に二〇ｍを超える溶岩の層があり、その下に軟らかい溶結凝灰岩の層があります。溶結凝灰岩の層はどんどん削られてしまうのですが、溶岩層は浸食に抵抗するため、滝ができたものです。浸食で大きく凹んだ滝の裏側に回ることもできますので、「裏見の滝」という名前もついています。日本の滝一〇〇選の一つです。上流にあるので、流域面積はけっして大きくありません。それにも拘わらず、水量が豊かなのは本当に不思議です。

図17-11　壇鏡滝(男滝)

図18-1　オオミスミソウ

第18章

三〇〇万年前以降に活動した火山と隆起した山並み

日本列島では三〇〇万年前から地殻変動や火山活動が活発化しました。それまで東北日本はかなりの部分が海中にありましたが、このころから日本列島にかかる東西方向からの圧力、とくに中国大陸側からの圧力が強まった結果、大地は押し縮められて全体的に盛り上がって陸地になりました。東北地方では奥羽山脈などの山並みが隆起し始め、奥羽、北上、出羽の三つの山脈が生まれ、さらに佐渡島なども隆起してきました。一方、向斜部（褶曲で窪んだ部分）は沈降して盆地となり、そこに山からもたらされた土砂が堆積して、各地の沖積平野や山形盆地、会津盆地などの山間盆地をつくりました。

1. 佐渡島

佐渡島は、日本海ができた後、長い間海中に沈み、火山性の堆積物の上に海成層が堆積しました。しかし約三〇〇万年前ごろ、再び陸上に現れました。奥羽山脈などに加えて、日本海の東縁に近いところで新たに二列の褶曲軸が生じ、隆起した背斜部が島や半島になったのです。男鹿半島から飛島、粟島を経て弥彦山地に延びるのが第一列、奥尻

図18-2　金北山の稜線の西側に広がる強風砂礫地　岩盤が露出しているところも多い

島から渡島大島、最上堆を経て佐渡島、能登半島に続くのが第二列に当たります。

佐渡島はその後もどんどん隆起を続け、二つの山脈に分かれました。北側の大佐渡山脈の最高峰・金北山は標高一一七二mに達しています。この山は日本海からの冬の強風に直面するため、ドンデン山から南に延びる稜線沿いには顕著な山頂現象が生じています。とくに雪の吹き溜まる風背側《ふうはい》（風を受けない側）には、五月の連休明けごろ、カタクリやオオミスミソウなどの春植物からなるお花畑が出現します（図18－1）。

一方、稜線の西側はもともと矮性のブナが生育し、その間をイネ科の草本やミヤマトウキなどが埋める草地となっていましたが、その後、地元の農家が夏場、牛を追い上げてここで放牧することが始まり、草地はすっかり退化してしまいました（図18－2）。現在、ここは、基盤岩が露出したり、二〇〇〇万年前に堆積したスコリアが露出して砂礫地をつくったりしています。裸地が広がり、景観上もよくないので、植被の回復が望まれますが、砂礫の露出に加え、強風の働きがありますので、回復はか

図18-3　笘滝

なり難しそうです。

2.活発化した火山活動でできた山々

新第三紀末から第四紀にかけて、日本列島では火山活動も活発化しました。三〇〇万年前から一〇〇万年前にかけては、一〇〇㎞^{3}を超す大規模な珪長質（石英、長石などからなる無色鉱物性の）火砕流が何回も噴出し、カルデラをつくったり、火砕流台地を形成したりしています。中には一〇〇〇㎞^{3}を超すものもありました。このころ、発生した大規模な火砕流は、北見・大雪・十勝地域、羊蹄山周辺、仙岩《せんがん》地域（岩手県の雫石付近）、会津・白河地域、碓氷峠・沼田地域などで知られています。ただその後の浸食で、カルデラの形は残っていません。

三〇〇万年前から二〇〇万年前にかけては東中国山地の氷ノ山《ひょうのせん》（一五一〇m）付近でも火山活動が活発化しました。この山は鳥取県と兵庫県の県境にそびえ、中国地方では大山に次ぐ高さを誇りますが、古いため火山とはみなされていません。氷ノ山では溶岩が繰り返し流出し、そのため中腹や山頂部にかけては平坦ないしなだらかな斜面が卓越す

図18-4　八ヶ岳赤岳（中央）と阿弥陀岳（右）　硫黄山頂から望む

るようになりました。そうしたなだらかなところはスキー場や高原野菜の栽培などに用いられていますが、山頂近くでは中国地方唯一の高層湿原が成立し、ミズゴケ湿原が広がります。一帯はよほど空中湿度が高いようで、湿原の周囲には変形したスギの巨木林が成立して、異様な雰囲気をかもしだしています。

氷ノ山の北隣には扇《おうぎ》ノ《の》山《せん》（一三一〇m）があります。これは七〇万年くらい前から一〇数万年前まで活動した火山で、やはり溶岩が繰り返し流出し、火山の地形をよく残しています。この山もスキー場や野菜の栽培で知られていますが、溶岩の縁が欠けて落ちた場所は断崖や渓谷を形成します。こういったところには滝がかかりやすく、扇ノ山や氷ノ山の周辺には、日本の滝百選に選ばれたみごとな滝が、雨滝や猿尾滝を始めとして四つもあります。また百選には入っていないものの、柱状節理の部分を滝が落下する珍しい滝があり、筥《はこ》滝と呼ばれています（図18－3）。雨滝から筥滝までの登山道は溶岩層のつくる崖の下を通りますが、溶岩層の棚や下の崖錐《がいすい》（崖下に落ちた岩屑が堆積してできた半円錐地形）にかけてはみごとなケヤキの林が成立しています。

3. 二〇〇万年前から四〇〇万年前にかけて活動した火山

二〇〇万年前から一〇〇万年前にかけては、大雪山やニセコ火山、

図18-5　八ヶ岳の横岳付近の岩場

蔵王山、吾妻山や霧ヶ峰、八ヶ岳のような大型火山でもっとも初期の活動が始まり、群馬県北部でも武尊山が活動を始めました。ただし火山の数はまだ多くありません（図18－4～6）。

一〇〇万年前～六〇万年前になると、火山の数が増え始めます。この年代の火山には、東北の恐山、岩手山、八幡平、七時雨《ななしぐれ》山、森吉山、焼石山、栗駒山、船形山、磐梯山、猫魔山などのほか、北信濃の鳥甲山、焼額山、東舘山、斑尾山、四阿山があります。御嶽や白馬大池も噴火を始めます。

九州北部では英彦山《ひこさん》（一二〇〇m）が海底火山として噴火を始め、その後、安山岩質の溶岩や凝灰角礫岩、溶結凝灰岩が次々に重なって、数百mに達する厚い堆積層をつくりました。その後、一帯は隆起し、浸食が進みますが、その結果、至るところに断崖や岩峰や石柱が屹立《きつりつ》する険しい地形ができました（図18－7）。とくに高住神社から望雲《ぼううん》台にかけては、こうした険しい地形が連続し、後に有名な修験道の修行の場となります。

険しい地形は、凝灰角礫岩や溶結凝灰岩が相対的に浸食されやすいのに対し、溶岩層は硬く、キャップロックとなって残りやすいためにできたと考えられています。望雲台からは、隣の鷹ノ巣山一ノ岳のビュート（浸食で硬い部分が残ってできた孤立丘）がよく

図18-6　武尊山の山頂部　溶岩層が見える

見えます。これは典型的な地形として国の天然記念物に指定されています。

英彦山の東麓には日本三奇景の一つ・耶馬渓があります。これも英彦山から噴出した火山性の堆積物が浸食されて生まれたものです。また耶馬渓の東にはやや離れて国東半島《くにさき》がありますが、これも両子山《ふたごさん》（七二〇m）を中心とする火山群の荒々しい火山砕屑物でできた山です。形成の時代は一〇〇万年前以前と古く、深い浸食谷が入っています。南麓には凝灰角礫岩に刻まれた熊野磨崖仏があります。

六〇万年前～四〇万年前になると、各地に新しい火山ができま

図18-7　高住神社の奥に屹立する石柱

図18-8　八甲田連峰

図18-9　蔵王山の御釜（火口）

した。北海道の屈斜路、阿寒、東北では八甲田山（図18－8）、十和田火山、乳頭山、鳥海山、月山、東吾妻山、安達太良山、那須火山、女峰《にょほう》山などがそれに当たります。その多くが六〇万年前から五〇万年前に活動を開始しています。南九州の霧島山もこの頃噴火を始めます。霧島山のある場所は三三万年前に加久藤《かくとう》カルデラがあったところです。その後の噴火でカルデラ湖は埋まってしまいますが、地下には膨大な水が蓄えられており、そこに地下からマグマが出てくると、蓄えられた水に触れ、水蒸気爆発を起こします。この爆発は地下の浅いところで起こるため、火山本体の半分もあるような丸くて大きな火口ができ、底には水がたまって、火口湖をつくります。霧島山を構成する火山群は約二〇に達しますが、その多くに分不相応に大きな火口湖があり、他の火山では見られない、不思議な景色をつくっています。現在見られる火山は、大浪《おおなみ》池が二万二七〇〇年前に遡りますが、多くは完新世の形成で、新燃《しんもえ》岳や高千穂の峰の肩にある御鉢のように、現在でもときどき火山礫をまき散らす火山もあります。

　志賀高原付近では苗場山（図18－10）、飯士山《いいじさん》、高社山《たかやしろやま》、草津白根山、烏帽子岳などが、主にこの時期に活動した火山です。妙高や飯縄《いいづな》、黒姫、乗鞍、白山、赤城・榛名、天城といった火山も四〇万年前に活動を始めました。箱根山や雲仙、九重《くじゅう》といった火山も五〇万年前から四〇万年前に生まれています。若干遅れて阿蘇山が活動を始めます。阿蘇山は二七万年前から九万年前にかけて四回の巨大噴火を起こし、その結果、日本第二位の大きさをもつ阿蘇カルデラができました。九万年前に発生した阿蘇4火砕流は、九州のほぼ半分に当たる広大な面積を軽石や火山灰で埋め、山口県の秋吉台にまで達し

図18-10　苗場山頂の高層湿原

たことが知られています。現在噴煙を上げている高岳や中岳はそれ以降に生じた中央火口丘で、米塚や杵島岳は三〇〇〇～四〇〇〇年前に生じたスコリア丘です。

　阿蘇山や九重山、雲仙岳、霧島山などでは、九州の火山にのみ生育するミヤマキリシマが美しい花をつけ、大群落を形成します。ミヤマキリシマは新しく流れた溶岩上や、新しく火山灰の降った地域を好んで生育しますが、遷移が進むと群落は衰退し、花も見られなくなってしまいます。

4.三〇万年前以降現在までの火山

　三〇万年前～二〇万年前ころから活動を開始した火山も少なくありません。北海道駒ヶ岳、利尻岳、知床硫黄岳、洞爺、岩木山、立山などがこれに該当します。

　一〇万年前以降になると、羊蹄山、支笏火山、樽前山、羅臼岳、秋田駒ヶ岳、男体山、燧ヶ岳、日光白根山、浅間山、蓼科山、富士山、伊豆七島の火山群、姶良《あいら》火山（鹿児島県）、開聞岳、吐噶喇《とから》列島の火山などが続々と噴火を始め、現在に至ります。大雪山や八甲田山、安達太良山、磐梯山、蔵王山（図18－9）、赤城山、草津白根山、妙高山、乗鞍岳、白山、大山などは再活動を始めます。これを見て

図18-11　黒斑山（外輪山）から望む浅間山

図18-12　鬼押出し溶岩流の内部

図18-13　磐梯山爆発カルデラの内部　銅沼（あかぬま）、背後はカルデラ壁

いると、日本列島は火山列島だということをつくづく実感します。上にあげた火山の中には明治時代以降に噴火をした火山も少なくありません。

というよりも上であげたほとんどの火山が、明治以降も火山活動を継続しているといった方がよさそうです。

浅間山は三万年前に活動を始めましたが、二万三〇〇〇年前には山体崩壊が起こり、黒斑山《くろふやま》などを外輪山として残して主に北側に崩れ落ちました（図18－11）。その後、一万年ほど前に噴火が復活し、現在の山頂部ができました。しかし江戸時代の一七八三年、天明の噴火が起こり、鬼押出し溶岩流（図18－12）や鎌原《かんばら》火砕流・吾妻火砕流が発生し、北麓に甚大な被害をもたらしました。

大きな被害を出した噴火といえば、一八八八年（明治二一年）の磐梯山の噴火を忘れるわけにはいきません。このときは溶岩を流出させるような噴火ではなく、水蒸気噴火でしたが、山体の上部が北側に向けて崩れ落ちて岩屑雪崩が起こり、崩壊の跡には巨大な爆発カルデラができました（図18－13）。

崩れ落ちた岩屑は北麓に、桧原《ひばら》湖、小野川湖、五色沼などの湖沼群をつくり、裏磐梯の景勝地をつくり出しました。爆

図18-14　神津島の北東側に現れた天上山の地質断面　下部は火砕流堆積物　上部は溶岩で、黒っぽい部分は黒曜石からなる

発カルデラの内部にも簡単に入ることができますが、荒々しい景観には圧倒されます。

5. 伊豆諸島の火山

伊豆諸島もすべて新しい火山活動で生まれました。海底火山の山頂部に新しい火山が載ったものか、カルデラ型海底火山の外輪山が顔を出したもののいずれかでできています。その中には伊豆大島や三宅島のようにここ数十年で何回も噴火を繰り返してきた島もありますし、九世紀ごろに大きな噴火をし、その後は比較的おとなしい神津島や新島のような島もあります。御蔵島の場合は、七〇〇〇年前に島ができ、五〇〇〇年前には火山活動を停止したようです。

面白いことに伊豆諸島では、西と東で溶岩の種類が違っています。西の列の新島や式根島、神津島は白い色をした流紋岩でできていますが、東の列の伊豆大島や三宅島、八丈島などは真っ黒な玄武岩でできています。なぜそうなったのか火山学者に聞いてみましたが、よく分からないようです。

図18-15　神津島・表砂漠　流紋岩質の軽石が堆積している

神津島ではおよそ一二〇〇年前の八三八年に流紋岩質の大規模な火砕流が発生して島の大部分を形成し、その上に流紋岩質の溶岩が載ったとされています。両者の境目は海抜四〇〇m付近にあります。つまり火砕流の噴出に続く溶岩の流出という一回の噴火で島ができましたが、その後、海による浸食が進み、現在のような形になったということです。神津島の北東側を船で通ると、高い海食崖が見え、天上山《てんじょうさん》（五七二m）の地質断面を観察することができます（図18－15）。下の白い部分が火砕流、上の灰色の部分が溶岩です。溶岩の下部は黒く見えますが、これは黒曜石の層です。不思議なことなのですが、白い流紋岩溶岩の一部が真っ黒な黒曜石に変化するのです。

ただ私はなだらかな山頂部に「砂漠」と呼ばれる流紋岩質の軽石の散乱する場所があることから、その後も山頂部では小さな噴火があったと推定しました。軽石の散乱する場所は細長い凹をつくっており、割れ目噴火が起こったことが分かります（図18－15）。植物は乏しく、シマタヌキラン（図18－16）とコウヅシマヤ

図18-16　シマタヌキラン

図18-17　神津島の山頂部を覆う低木林

マツツジなどがわずかに生育するだけです。カクレミノやリョウブが密生する、山頂部の低木林（図18－17）とは明瞭な対照を示します。このことはごく新しい時期に軽石を噴出する小噴火があったことを示しています。

なお新島には「白ママ層」と呼ばれる流紋岩質の軽石の層（火砕流堆積物）が、海岸の崖をつくっています。また図18－18に示したような真っ白に見える山もあります。

一方、伊豆大島の三原山では二〇世紀以降だけでも、一九一二年～一九一四年、一九五〇年～一九五一年、一九八六年と三回の噴火があり、真っ黒な玄武岩質溶岩を流しました。溶岩の色の極端な違いに驚いてしまいます（図18－19）。

図18-18　流紋岩質の火砕流堆積物の山

図18-19　伊豆大島・三原山の玄武岩溶岩——1986年に流れたもの

おわりに

ご覧いただき、ありがとうございました。この本では日本列島の長い地質の生い立ちが、現在の山の自然の姿にどのように関わっているかを、個々の山ごとに紹介してきました。いわば日本列島の歴史と山の地形、植生などを結びつけようという試みを、全国的に展開したものですが、いかがだったでしょうか。

日本列島の地質はきわめて複雑な上、場所によっては、古い地質の上に新しい地質が載り、その上にさらに火山の溶岩が載る、というようなところもあります。したがって話が難しいと思われた方もいらっしゃるかもしれません。でもそれも日本列島の自然の特色です。本書が初めての試みであり、たくさんの山々を取り上げたという点に免じて許していただきたいと思います。

ただこの本の執筆は私個人にとってはかなり辛い仕事でした。私は「博物学者」を自称するほどで、地質から地形、植生までかなりひろい分野に興味を持っています。しかし今回は、調べなくてはならないことが次々に現れ、執筆は遅々として進みませんでした。とくにこの本の前半に当たる、日本列島の生い立ちの部分は、私にとっては隣接する分野ではありますが、門外漢であることは否めません。そのため次々に提出される地質学の新しい知見にはとても追いつけず、主な動きについていくだけで精いっぱいでした。そのため内容を十分詰めることができませんでした。したがって大きな誤解や間違いがあるのではないかと危惧しています。また刊行も予定より大幅に遅れてしまいました。今はなんとか上梓に漕ぎつけたことにほっとしているところです。

しかしながらこの本には新しいことがたくさん書いてあります。ハヤチネウスユキソウは蛇紋岩地を避けて生育していること、南アルプス仙丈ヶ岳の山頂の一角に蛇紋岩地があってそこだけきれいなお花畑になっていること、などはその一例です。そういった点は面白く読んでいただけたのではないでしょうか。

この本で私が読者として想定したのは、まずは好奇心が旺盛で知的レベルも高い山好きの方々です。こういう皆さんに本書は大いに楽しんでいただけるのではないかと思います。

次は各地のジオパークの関係者です。ジオパークの活動は、それまで地味でほとんど見向きもされない存在だった岩石や地形などに、人々の目を向けさせ、地形・地質を観察する楽しみをたくさんの人に教えてくれました。私は全国各地のジオパークを訪ねましたが、専門員の方々が解説してくれるストーリーの面白いこと。実によかったです。私は日本列島の自然のすばらしさを改めて感じました。近年はジオパークも防災や教育が重視されたり、アクションプランという活動が必要になったりして、課題が増えてしまっていますが、やはり面白さ、楽しさが第一です。昨今は「ブラタモリ」（ＮＨＫ）という後押しもあることですから、楽しさを損なうことのないよう、なるべくおおらかに進めていただくようお願いします。

ジオパークの関係者には地質関係の方が多いので、植生のことも書いてある本書は、きっと解説の役に立つと思います。わが国では植物ファンが多いので、現地ガイドの説明に地形・地質に加え、植物や植生のことを入れていただくと、受けること間違いありません。地質学者の皆さんには植生の話は難しいかもしれませんが、ぜひ挑戦していただきたいと思います。

同じことですが、山岳ガイドの皆さんにも本書は役に立つはずです。ガイドをする際、地形・地質の話を加えると、お客さんは間違いなく、喜んでくれます。

本書の出版に当たり、A&F出版の皆さんにすっかりお世話になりました。またそれ以上にご迷惑をおかけしてしまいました。感謝申し上げ、同時にお詫び申し上げます。また高木秀雄氏を始め、著書や論文からの図や表の引用をご許可くださった皆様にも厚く御礼申しあげます。ありがとうございました。

小泉武栄

こいずみ・たけえい

1948年、長野県生まれ。東京学芸大学名誉教授。東京大学大学院理学系研究科博士課程単位取得退学。理学博士。専門分野は自然地理学、地生態学。「松下幸之助花の万博記念奨励賞」(松下幸之助花の万博記念財団)「日本地理学会賞優秀賞」、「沼田眞賞」(日本自然保護協会)などを受賞。著書に『日本の山と高山植物』(平凡社新書)、『ここが見どころ　日本の山』(文一総合出版)、『登山と日本人』(角川ソフィア文庫)、『地生態学から見た日本の植生』(文一総合出版)ほか多数。元日本ジオパーク委員会委員。

文献リスト（50音順）

五百沢智也　1966　日本の氷河地形. 地理. 11 (3), 24-30

五百沢智也　1974　空からの氷河地形調査, 地理. 19 (2), 38-50

五百沢智也　1975　日本アルプス, 氷河地形の型と分布. 地理学評論. 48, 153-155

池田安隆　1990　断層による山脈の隆起, 米倉伸之ほか編『変動地形とテクトニクス』. 45-59, 古今書院

石渡 明　2006　飛騨帯・飛騨外縁帯の形成, 日本地質学会編『日本地方地質誌4　中部地方』. 76-79. 朝倉書店

磯﨑行雄・丸山茂徳　1991　日本におけるプレート造山運動論の歴史と日本列島の新しい地体構造区分. 地学雑誌，100 (5)，697-761

磯﨑行雄　1998　日本列島の起源と付加型造山運動帯の生長─リフト帯での誕生から都城型造山運動へ─、地質学論集．50, 89-106

磯﨑行雄ほか　2010　日本列島の地体構造区分再訪─太平洋型（都城型）造山帯構成単元および境界の分類・定義．地学雑誌，119 (6)，999-1053

貝塚爽平・鎮西清隆編　1986　『日本の山』. 岩波書店

神奈川県立博物館編　1991　『南の海からきた丹沢』. 有隣堂

神奈川県立 生命の星・地球博物館編　2010　『日本列島20億年　その生い立ちを探る』. 神奈川県立 生命の星・地球博物館

北中康文（写真）・斎藤 眞・下司信夫・渡辺真人　2012　『日本の地形・地質』. 文一総合出版

小疇 尚・野上道男・小野有五・平川一臣編　2003　『日本の地形2 北海道』. 東京大学出版会

小池一之・田村俊和・鎮西清隆・宮城豊彦　2005　日本の地形5　東北. 東京大学出版会

小泉武栄　1998　『山の自然学』. 岩波書店

小泉武栄　2007　『自然を読み解く山歩き』. JTBパブリッシング

小泉武栄　2013　『観光地の自然学　ジオパークに学ぶ』. 古今書院

小泉武栄・青柳章一　1993　風化被膜から推定した北アルプス薬師岳高山帯における岩屑の供給期. 地理学評論，66, 269-286

小泉武栄・佐藤 謙　2014　『ここが見どころ　日本の山』. 文一総合出版

島津光夫　2018　『日本の山と海岸　成り立ちから楽しむ自然景観』. 築地書館

清水長正　1994　早池峰山における斜面地形に規定された森林限界. 季刊地理学, 46, 126-135

杉村 新　1963　東日本火山帯と西日本火山帯─どうして火山はそこにあるのか─, 科学，33, 489-491

平 朝彦　1990　『日本列島の誕生』. 岩波新書

高木秀雄　2017　『年代で見る日本の地質と地形』. 誠文堂新光社

竹内 章　1988　中部日本内帯における新規応力場, 月刊地球．10, 574-580

泊 次郎　2008　『プレートテクトニクスの拒絶と受容─戦後日本の地球科学史』. 東京大学出版会

日本地質学会編　2010　『日本地方地質誌1　北海道地方』. 朝倉書店

日本地質学会編　2008　『日本地方地質誌３　関東地方』. 朝倉書店

日本地質学会編　2006　『日本地方地質誌4　中部地方』. 朝倉書店

原山 智・山本 明　2003　『超火山槍・穂高』. 山と渓谷社

藤岡換太郎　2012　『山はどうしてできるのか』. 講談社ブルーバックス

藤岡換太郎・有馬 眞・平田大二編著　2004　『伊豆・小笠原弧の衝突』. 有隣堂

藤岡換太郎・平田大二編著　2014　『日本海の拡大と伊豆弧の衝突』. 有隣新書

藤田和夫　1968　六甲変動、その発生前後──西南日本の交差構造と第四紀地殻変動──，第四紀研究．7, 248-260

藤田和夫　1983　『日本の山地形成論』. 蒼樹書房

藤田和夫　1985　『変動する日本列島』. 岩波書店

藤田和夫編　1984　『アジアの変動帯──ヒマラヤから日本海溝の間──』. 海文堂

藤田和夫・太田陽子　1977　第四紀地殻変動，日本第四紀学会編『日本の第四紀研究』. 127-152. 東京大学出版会

町田 洋・松田時彦・海津正倫・小泉武栄　2006　『日本の地形5　中部』. 東京大学出版会

松田時彦　1992　『動く台地を読む』. 岩波書店

守屋以智雄　1979　日本の第四紀火山の地形発達と分類，地理学評論. 52, 479-501

守屋以智雄　1983　『日本の火山地形』. 東京大学出版会

森山昭雄　1990　中部山岳地域における山地形成の時代性──山はいつ高くなったか?──米倉伸之ほか編　『変動地形とテクトニクス』. 87-109. 古今書院

米倉伸之・岡田篤正・森山昭雄編　1990　『変動地形とテクトニクス』. 古今書院

米倉伸之・貝塚爽平・野上道男・鎮西清隆　2001　『日本の地形1　総説』. 東京大学出版会

渡辺一夫　2013　『日本の石ころ標本箱』. 誠文堂新光社

渡辺一夫　2018　『素敵な石ころの見つけ方』. 中公新書ラクレ

図表出典一覧

＊は引用した図表
無印は小泉提供

図1-1……上麻生礫岩
表2-1……火成岩の分類と堆積岩
図2-1……地質の境目　白馬岳　三国境付近
図2-2＊……日本列島付近のプレート　高木秀雄（2018）スプリングクラブでの講演「日本列島の地質の成り立ち」の配布資料から引用
図2-3……付加体の形成過程
図2-4＊……超大陸の形成史　磯﨑行雄「地質学論集50号」（1998.7）を改変
図2-5＊……日本列島の地体構造区分図　神奈川県立生命の星・地球博物館（2010）p.図1-1-3 磯﨑行雄・丸山茂徳「地学雑誌100巻5号」（1991）を簡略化。着色は磯﨑行雄ほか「地学雑誌 119巻6号」図1を参考
表2-2＊……地質年代表 高木秀雄（2017）『年代で見る日本の地質と地形』誠文堂新光社
図2-6＊……西南日本の主な付加体が生じた時期　磯﨑・丸山（1991）
図2-7＊……飛騨帯と隠岐帯　神奈川県立生命の星・地球博物館（2010）p.15　図2-1-4 磯﨑行雄・丸山成徳「地学雑誌100巻5号」（1991）を改変
図2-8＊……早池峰オフィオライトなどの分布　同上 p.15　図2-2-3
図2-9＊……飛騨外縁帯などの分布　同上　p.17 図2-3-5
図2-10＊…舞鶴帯、秋吉帯の分布　同上　p.19 図2-4-4
図2-11＊…三郡帯の分布　同上、p.20　図2-4-13
図2-12＊…美濃・丹波帯、秩父帯、足尾帯など白亜紀・ジュラ紀の付加体の分布　同上　p.23　図2-5-4
図2-13……四国・大歩危小歩危の三波川結晶片岩
図2-14＊…三波川帯の分布　神奈川県立生命の星・地球博物館（2010）　p.26　図2-6-1　磯﨑・丸山（1991）を改変
図2-15……浦富海岸の花崗岩
図2-16＊…領家帯の分布　神奈川県立生命の星・地球博物館（2010）p.28　図2-6-9 磯﨑・丸山（1991）を改変
図2-17＊…四万十帯の分布　同上　p.34　図2-9-2
図2-18……和泉層群の地層
図2-19＊…北海道の地質区分　小疇尚ほか編（2003）『日本の地形2　北海道』（東京大学出版会）　p.20　図1-3-1を改変
図2-20……神居古潭変成帯からなる石狩川の峡谷
図2-21……日本列島の回転と日本海の形成
図2-22……今子浦の火砕岩
図2-23……仏ヶ浦の奇岩
図2-24……鬼が城
図2-25＊…伊豆・小笠原弧の連なり　藤岡換太郎・平田大二編著（2014）『日本海の拡大と伊豆弧の衝突』（有隣新書）のカバー表紙を高橋が改変（高橋雅紀原図）
図2-26＊…日本海拡大前後の日本列島　平朝彦（1990）『日本列島の誕生』（岩波新書）p.204,p.206
図2-27＊…175万年前に存在した穂高岳カルデラ　原山智・山本明　（2003）『超火山槍・穂高』（山と溪谷社）
図2-28……穂高岳
図2-29……岩木山
図3-1＊……アジアにかかる力とひずみ　平朝彦（1990）「日本列島の誕生」（岩波新書）p.210　図15現在のアジアの変形
図3-2＊……日本列島が成立したころの海陸の分布と地質　貝塚爽平・鎮西清高編（1986）『日本の山』（岩波書店）p.12　図1.3日本の地質
図3-3＊……北海道の形成過程　小疇尚ほか編（2003）『日本の地形2　北海道』（東京大学出版会）p.26　北海道付近の構造発達史
図3-4＊……9000万年前の北海道　同上p.27 白亜紀後期の北海道
図3-5＊……千島弧の衝突とアポイ岳の形成　様似町アポイ岳ジオパーク推進協議会（2010）『アポイ岳ジオパークガイドブック』p.25　約1300万年前のプレート配置を改変
図3-6＊……伊豆半島の衝突と四万十帯の折れ曲がり　平朝彦（1990）『日本列島の誕生』（岩波新書）p.166　伊豆衝突帯の図を改変
図3-7……日本列島の火山分布と火山フロント
図4-1……剱岳
図4-2……立山・真砂岳
図4-3……隠岐の島と主な見どころ

ま行

や行

ら行

わ行

さ行

語句索引（五十音順）

あ行

か行

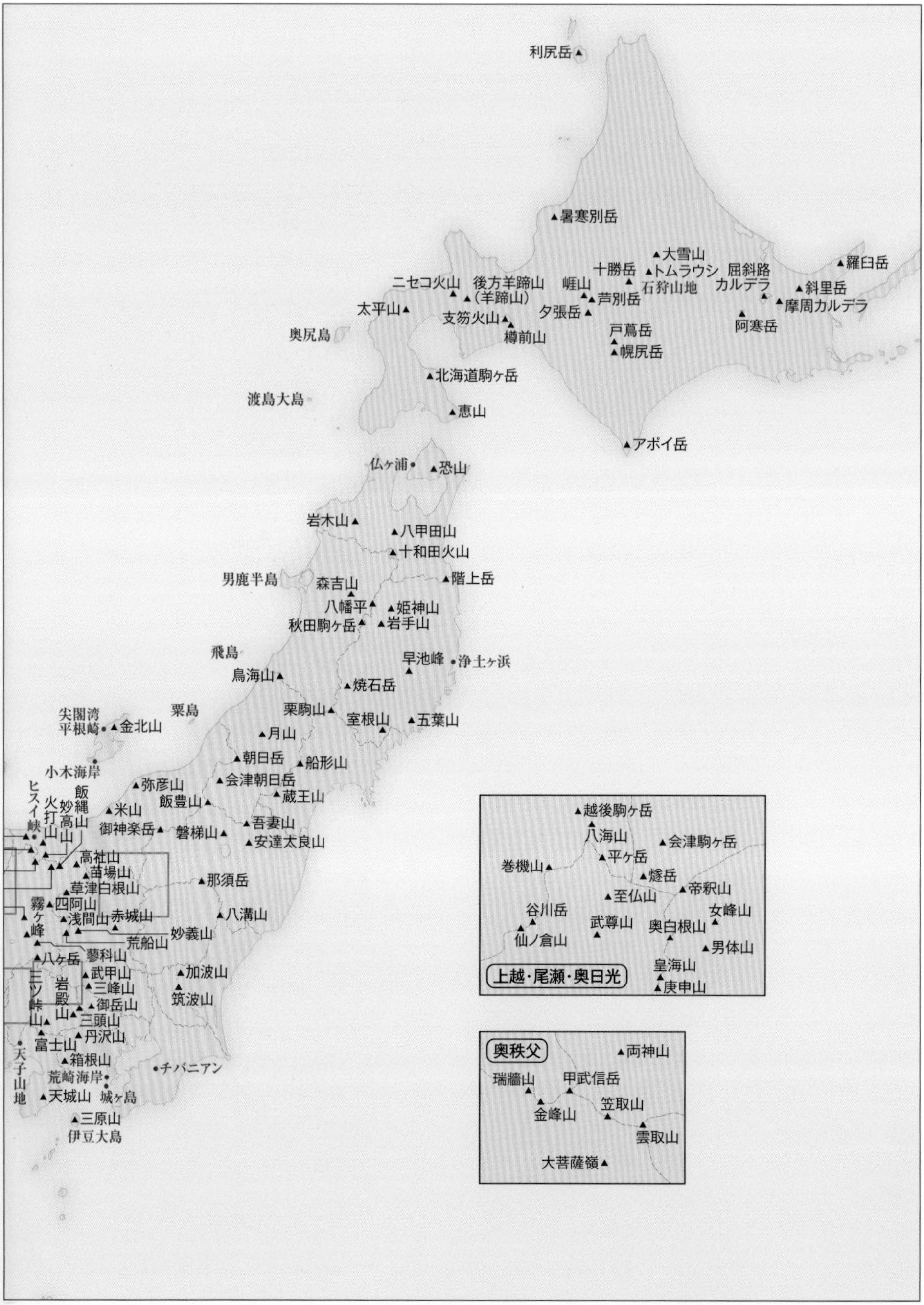
利尻岳
暑寒別岳
大雪山
十勝岳
トムラウシ
石狩山地
屈斜路
カルデラ
羅臼岳
斜里岳
摩周カルデラ
ニセコ火山
後方羊蹄山
（羊蹄山）
太平山
支笏火山
樽前山
夕張岳
芦別岳
戸蔦岳
幌尻岳
阿寒岳
奥尻島
北海道駒ヶ岳
渡島大島
恵山
アポイ岳
仏ヶ浦
恐山
岩木山
八甲田山
十和田火山
男鹿半島
森吉山
階上岳
八幡平
姫神山
秋田駒ヶ岳
岩手山
飛島
早池峰
浄土ヶ浜
鳥海山
焼石岳
栗駒山
室根山
五葉山
尖閣湾
平根崎
金北山
粟島
月山
朝日岳
船形山
小木海岸
弥彦山
会津朝日岳
蔵王山
ヒスイ峡
火打山
妙高山
飯縄山
米山
飯豊山
御神楽岳
磐梯山
吾妻山
安達太良山
高社山
苗場山
草津白根山
那須岳
霧ヶ峰
四阿山
浅間山
赤城山
八溝山
妙義山
荒船山
蓼科山
八ヶ岳
武甲山
加波山
三ツ峠山
岩殿山
三峰山
御岳山
筑波山
三頭山
丹沢山
富士山
天子山地
箱根山
チバニアン
荒崎海岸
城ヶ島
天城山
三原山
伊豆大島
越後駒ヶ岳
八海山
会津駒ヶ岳
巻機山
平ヶ岳
燧岳
帝釈山
至仏山
谷川岳
女峰山
武尊山
奥白根山
仙ノ倉山
男体山
皇海山
庚申山
上越・尾瀬・奥日光
奥秩父
両神山
瑞牆山
甲武信岳
笠取山
金峰山
雲取山
大菩薩嶺

本書で取り上げた主な山名地図

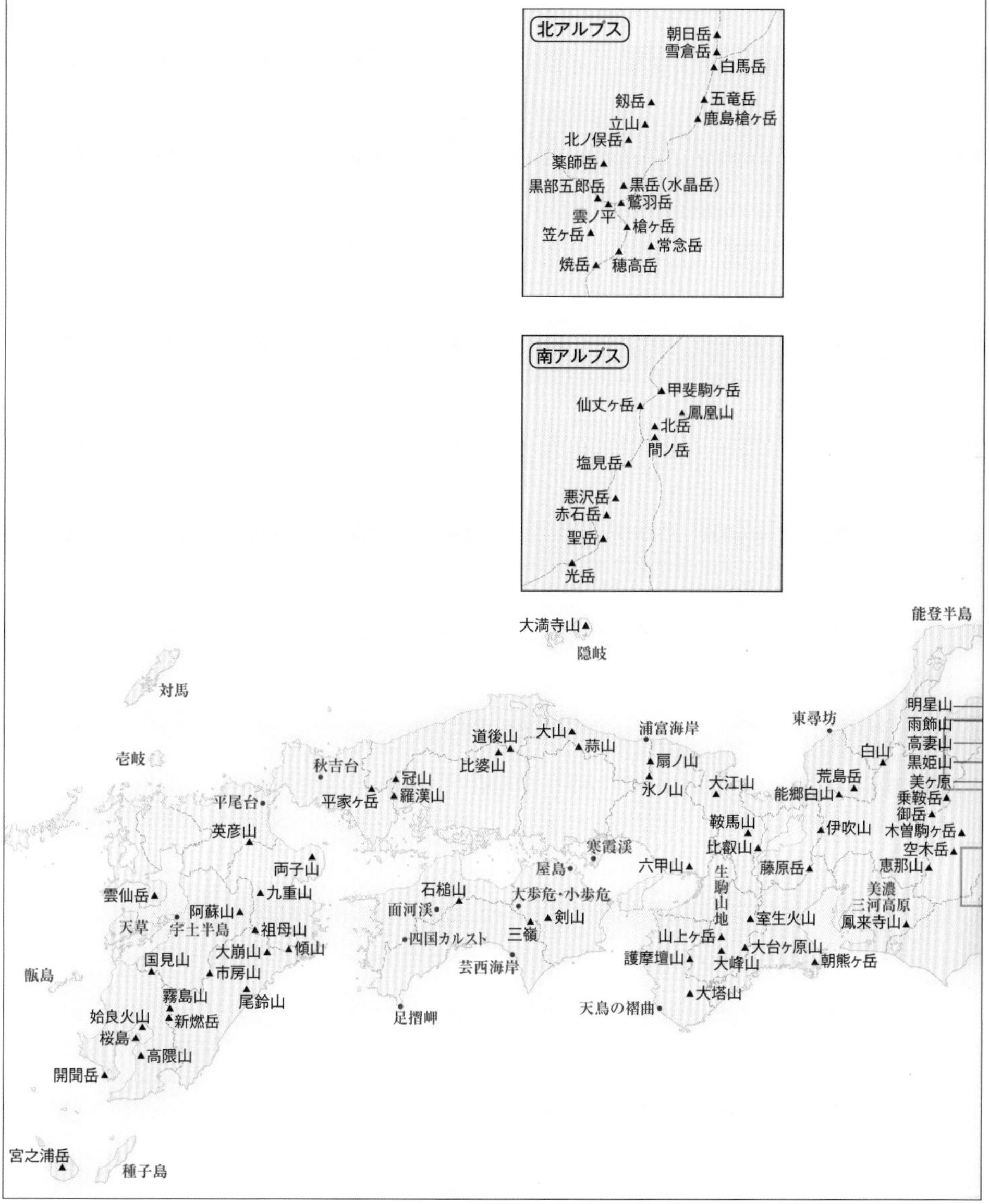

A&F

日本の山ができるまで
五億年の歴史から山の自然を読む

2020年 1月20日　第 1 刷発行
2020年 3月25日　第 2 刷発行

著者
小泉武栄

発行者
赤津孝夫

発行所
株式会社 エイアンドエフ
〒160-0022　東京都新宿区新宿6丁目27番地56号　新宿スクエア
出版部 電話 03-4578-8885

装幀
芦澤泰偉

本文デザイン
五十嵐 徹（芦澤泰偉事務所）

図版作製
アトリエ・プラン

校正
酒井精一

編集協力
松井由理子

印刷・製本
株式会社シナノパブリッシングプレス

Published by A&F Corporation
Printed in Japan
ISBN978-4-909355-16-4 C0044